国家自然科学基金项目(41272278)
安徽高校自然科学重点项目(KJ2017A073)
安徽高校科研平台创新团队建设资助项目(2016-2018-24)

矿井深部煤层底板突水的岩体结构控制机理研究

KUANGJING SHENBU MEICENG DIBAN TUSHUI DE
YANTI JIEGOU KONGZHI JILI YANJIU

翟晓荣　吴基文　张平松
胡荣杰　韩云春　著

图书在版编目(CIP)数据

矿井深部煤层底板突水的岩体结构控制机理研究/翟晓荣等著. —武汉:中国地质大学出版社,2021.5
ISBN 978-7-5625-4980-2

Ⅰ.①矿…
Ⅱ.①翟…
Ⅲ.①煤层-矿井突水-研究
Ⅳ.①TD74

中国版本图书馆 CIP 数据核字(2021)第 069647 号

矿井深部煤层底板突水的岩体结构控制机理研究	翟晓荣 吴基文 张平松 胡荣杰 韩云春 著	
责任编辑:韦有福	选题策划:李应争 韦有福	责任校对:徐蕾蕾
出版发行:中国地质大学出版社(武汉市洪山区鲁磨路388号)		邮政编码:430074
电 话:(027)67883511	传 真:67883580	E-mail:cbb@cug.edu.cn
经 销:全国新华书店		http://cugp.cug.edu.cn
开本:787毫米×1 092毫米 1/16	字数:294千字	印张:12.75
版次:2021年5月第1版	印次:2021年5月第1次印刷	
印刷:武汉中远印务有限公司		
ISBN 978-7-5625-4980-2		定价:88.00元

如有印装质量问题请与印刷厂联系调换

前　言

目前在中国能源结构中煤炭占主导地位,且在短期内不会发生改变。近年来,随着国家去产能政策的实施及能源结构调整,煤炭在能源消费结构中的比重逐渐下降,但煤炭需求总量仍保持增加态势。随着我国浅部煤炭资源枯竭,多数矿井开采深度逐年增加,所面临的地质条件也日趋复杂,即高地应力、高底板承压水、高地热等不利因素给深部开采带来了极大的挑战,尤其是我国华北型煤田中下组煤回采过程中受下伏石炭系及奥陶系岩溶水威胁,由底板突水引起的矿井水害占各类水害事故的主导地位,深部开采过程中底板突水风险性逐渐增大。如何实现承压水体上煤炭资源安全高效回采,已成为华北型煤田面临的主要问题。

国内外对于底板突水机理及防治措施等方面已经开展了大量研究,但以往的研究多集中于采动影响下的底板破坏,在底板破坏深度方面从理论到实测做了大量的工作,但是对于底板存在高承压水条件下水压对底板的破坏认识不够全面,忽略了水本身的特点及水在突水通道形成至贯通整个过程中发挥的作用。此外,国内外在对承压水导升带的形成机制、发育规律、水压对裂隙扩展等方面的研究也无明确的解释。以往对底板隔水层的研究多侧重于隔水层厚度及其力学强度,忽略了岩性本身特征、沉积变化规律及不同组合特征的力学反应。不同岩性岩层对应力的不同力学反应机制是底板破坏的重要因素之一。因此,对底板隔水层岩层沉积组合特征的研究是非常必要的。

目前,保证承压水体上带压开采安全性的主要措施有强降深排和底板注浆加固含水层改造,前者需要耗费大量的人力、财力,而且强排地下水会带来一系列的环境问题,如地表沉降等。后者被大多数煤矿所青睐,但对于注浆加固过后的煤层底板结构特征与加固前有何差异,以往大多数学者只是定性地研究与描述,对加固过的底板岩体结构和采动效应缺乏定量深入的研究。近年来,随着采深增加和注浆加固底板措施的普遍实施,对加固后底板岩体结构特征及其采动效应的研究也逐渐成为学者探索底板突水机理的一个重要方面。因此,笔者在多项基金支持下,与皖北煤电(集团)有限责任公司(简称皖北煤电集团公司)合作,联合高等院校、科研院所、地质勘探单位,开展了矿井深部煤层底板突水的岩体结构控制机理研究,取得了丰硕的研究成果与显著的社会经济效益。研究成果对淮北矿区乃至全国类似条件下矿井底板水害防治均具有重要的理论与实践意义,具有广阔的推广应用前景,本书正是在这些研究成果的基础上完成的。

本书以淮北矿区为研究对象，在矿井深部不同底板岩体结构条件下，对工作面回采过程中底板采动效应进行研究，从岩体结构方面揭示了矿井深部底板突水机理。本书从矿区水文工程地质特征入手，对矿区山西组下部煤层底板岩层的沉积特征、底板岩体结构特征及底板太原组灰岩岩溶含水层富水性特征进行了系统分析与研究。在此基础之上，本书建立了两大类、6个亚类不同底板岩体结构特征的地质模型，采用数值模拟方法对6个亚类不同结构底板采动效应进行了研究，并采用相似材料模拟试验法对含切割煤层断层结构底板采动效应进行了研究。最后，本书结合工作面底板注浆加固改造工程，综合运用理论分析、数值模拟、实验室试验及现场实测等技术手段，对注浆前后工作面底板采动效应差异进行了系统的分析。

本书主要创新性成果：①通过对不同岩体结构底板采动效应的研究，得出底板岩体结构不同、采动效应不同，从采动应力、位移、围岩渗透性等多个角度验证了软硬相间型底板岩层组合对底板阻水最为有利，揭示了底板采动效应的岩体结构控制机理；②在系统研究底板注浆加固改造前后底板岩体结构变化特征的基础上，采用数值模拟与现场实测相结合的方法，分析对比了底板注浆前后采动效应差异，提出了基于岩体结构效应的底板含水层注浆改造效果评价方法，为底板注浆改造技术提供了理论支撑；③基于深部开采底板采动效应的数值模拟，再现了高地应力、高水压耦合作用下含水层顶部原位张裂带的形成及其递进导升动态发育过程，揭示了淮北矿区深部下组煤开采底板突水危险性增大的机理；④基于数值模拟与相似材料模拟，得出泥岩、断层带等软质岩体对采动应力传递有明显"阻隔"作用，断层带两盘岩体中采动应力的差异是导致断层带"活化"的关键因素，揭示了软质岩体对采动效应的控制机理。

本书共分为7章，由安徽理工大学翟晓荣副教授、吴基文教授、张平松教授，皖北煤电集团公司胡荣杰高级工程师，深部煤炭开采与环境保护国家重点实验室韩云春高级工程师合作完成。其中，前言、第一章、第二章、第七章由翟晓荣、吴基文、胡荣杰合作撰写；第三章、第四章由翟晓荣撰写；第五章、第六章由翟晓荣、张平松、韩云春合作撰写；全书由翟晓荣统稿。

本书研究工作得到了皖北煤电集团公司通防地测处同志的大力支持，研究区基础地质资料方面又得到了皖北煤电集团公司和淮北矿业集团公司下属各个矿井的大力支持，同时在现场采样、测试过程中得到了恒源煤矿崔亚利工程师及钻探注浆公司技术人员的大力支持。

借本书出版之际，笔者对上述各位专家、老师、同学们表示衷心的感谢！

笔者限于研究水平，书中难免存在不妥之处，请广大读者不吝赐教！

著者

2021年4月

目 录

第一章 绪 论 ·· (1)

  第一节 选题背景及研究意义 ··· (1)

  第二节 国内外研究现状 ··· (2)

    一、深部开采研究进展 ·· (2)

    二、岩体结构研究进展 ·· (5)

    三、底板采动效应模拟研究进展 ··· (7)

    四、底板突水机理及预测预报研究进展 ······································ (8)

  第三节 主要研究内容与技术方法 ··· (11)

    一、研究内容 ·· (11)

    二、技术路线与工作量 ··· (13)

    三、主要成果 ·· (14)

第二章 淮北矿区水文工程地质特征及底板岩体结构类型 ············· (17)

  第一节 矿区地质概况 ··· (17)

    一、矿区地层组成 ·· (17)

    二、区域大地构造背景 ··· (19)

    三、矿区地质构造背景 ··· (22)

    四、矿区水文地质特征及深部下组煤开采突水危险性分析 ········· (24)

  第二节 下组煤底板岩层沉积组合特征 ·· (30)

    一、矿区底板类型划分 ··· (30)

    二、下组煤底板岩层沉积组合特征研究 ···································· (30)

  第三节 下组煤开采底板突水案例分析 ·· (33)

    一、下组煤开采底板突水典型案例 ··· (33)

    二、底板突水的岩体结构类型 ··· (34)

  第四节 下组煤底板岩体结构类型划分 ·· (37)

  第五节 本章小结 ·· (40)

第三章 深部完整层状结构底板流固耦合采动效应研究 (41)

第一节 数值模拟软件简介 (41)
- 一、流固耦合理论分析 (42)
- 二、岩体应力-渗流耦合有限差分计算原理 (42)
- 三、流固耦合数值解法 (44)

第二节 边界条件及计算参数的选取 (46)
- 一、模型边界条件及屈服准则 (46)
- 二、计算参数的选取 (47)

第三节 矿井深部完整结构底板采动效应分析 (49)
- 一、矿井深部开采底板采动效应特征 (50)
- 二、底板岩层组合结构对采动效应的影响 (61)

第四节 本章小结 (80)

第四章 深部非完整结构底板流固耦合采动效应研究 (81)

第一节 含断裂结构底板流固耦合条件下采动效应研究 (81)
- 一、含裂隙底板采动效应研究 (81)
- 二、底板含切穿煤层断层采动效应研究 (84)

第二节 含陷落柱构造煤层底板采动效应研究 (98)
- 一、陷落柱基本地质特征 (98)
- 二、陷落柱突水基本特征 (99)
- 三、陷落柱突水机理研究 (99)
- 四、含陷落柱底板流固耦合条件下采动效应研究 (100)

第三节 本章小结 (111)

第五章 含断裂构造岩体采动效应研究 (113)

第一节 概述 (113)

第二节 F_1 断层采动效应相似材料模型试验 (114)
- 一、相似模型的设计及制作 (115)
- 二、开采试验及结果分析 (123)

第三节 F_1 断层采动效应数值模拟 (136)
- 一、模型的建立 (136)
- 二、计算方案 (137)
- 三、计算结果分析 (137)

第四节 本章小结 (143)

第六章　基于岩体结构效应的底板注浆加固与含水层改造工程应用 …… (145)

第一节　概　述 ……………………………………………………………… (145)
第二节　矿井地质与水文地质概况 ……………………………………… (146)
第三节　煤层底板加固与灰岩含水层改造注浆工程 …………………… (149)
一、简述 ……………………………………………………………… (149)
二、地面注浆站应用概况 …………………………………………… (149)
三、底板注浆改造机理 ……………………………………………… (150)
四、恒源煤矿注浆工程 ……………………………………………… (151)
五、工作面概况及钻探工程 ………………………………………… (153)

第四节　工作面注浆前后煤层底板岩体结构特征分析 ………………… (155)
一、工作面注浆前后底板岩石力学性质试验研究 ………………… (155)
二、工作面注浆前后底板波速测试 ………………………………… (157)
三、工作面注浆前后底板岩体强度变化 …………………………… (166)
四、工作面注浆前后底板隔水层厚度分析 ………………………… (169)

第五节　工作面底板采动效应孔间电阻率CT法探测与分析 …………… (172)
一、探测原理 ………………………………………………………… (173)
二、钻孔设计与施工 ………………………………………………… (174)
三、孔间电阻率CT法监测成果 …………………………………… (175)
四、探测结果分析与评价 …………………………………………… (176)

第六节　Ⅱ615工作面底板注浆加固改造前后采动效应数值模拟研究 …… (178)
一、模型的建立 ……………………………………………………… (178)
二、模拟参数的选取 ………………………………………………… (179)
三、底板采动效应数值模拟结果分析 ……………………………… (179)
四、模拟结果评价 …………………………………………………… (182)

第七节　应用效果与效益评价 …………………………………………… (182)
第八节　本章小结 ………………………………………………………… (183)

第七章　结　论 …………………………………………………………………… (185)

主要参考文献 ………………………………………………………………………… (187)

第一章 绪 论

第一节 选题背景及研究意义

煤炭是我国的主体能源,2014 年我国煤炭产量为 38.7×10^8 t,占全球总产量的 48.9%。预计到 2030 年,我国在全球煤炭消费总量中的比例会上升到 53%,煤炭将仍然是我国长期依赖的主要能源(袁亮,2017)。截至 2019 年底,埋深在 1000m 以下的煤炭资源为 2.95×10^{12} t,占我国煤炭资源总量的 53%。国家能源局预测,2030 年全国煤炭需求量将达 45.34×10^8 t,2050 年以前以煤炭为主导的能源结构将难以改变(袁亮等,2019)。其中,华北地区主要含煤地层石炭系—二叠系煤炭储量占全国储量的 38%,但中国煤炭产量 90% 以上产于华北地区石炭系—二叠系和侏罗系。我国重要煤产地的 60% 煤矿不同程度地受到底板岩溶承压水的威胁,受水害的面积和严重程度均居世界各主要产煤国家的首位,仅华北地区受威胁矿井就达 230 多口,造成约 40% 的煤炭资源无法正常开采,受威胁储量高达数百亿吨(谢和平,2012)。

我国北方主要产煤的华北型矿区,东起徐州、淄博、肥城、兖州,西至陕西、渭北,北起辽宁南部,南至淮南、平顶山一带,数十个矿区不同程度地受石炭—二叠纪煤系底部的"太灰"(太原组灰岩)或"奥灰"(奥陶系灰岩)强含水层影响。我国煤矿水害史上曾发生过百余起重大淹井事故,其中 55% 以上的案例由底板突水引起,而灰岩类岩溶水害事故占煤矿典型突水事故的 90% 以上,因水害造成的人员伤亡人数达数千人(中国统配煤矿总公司生产局,1992)。随着煤矿生产开采深度的不断加深,矿井灰岩水的危害日趋严重,给人们的生命与财产带来了极大的危害,是煤矿安全生产的重大隐患,同时也制约着煤炭工业的发展。因此,煤矿底板突水的有效防治一直是煤矿安全开采的攻关课题,如何实现承压水体上压煤的安全回采已成为华北型煤田众多矿井所共同面对的热点问题。

近年来,随着煤层开采深度的逐渐增加,煤层底板突水次数与以往浅部开采底板突水相比明显增多。据统计,1980 年以前 30 年间仅发生突水 13 次,而 2000—2009 年间发生主要突水事故达 20 多次,最大的为东庞矿突水,突水量为 $1167\text{m}^3/\text{min}$。此外,我国开滦地区的范各庄煤矿于 1984 年发生了一次在世界采矿史上都极为罕见的大规模突水事故,在短短一天之内,矿井被深部高承压灰岩水所淹没,创下了突水量每小时近 $12 \times 10^4 \text{m}^3$ 的记录(乔伟,2011)。因此,随着开采深度的增加,水压会逐渐增大,一旦发生大规模的底板突水事故,将会造成严重的后果，对国家经济和人民生命安全造成巨大的损害。

深部开采工程中产生的岩石力学问题是目前国内外采矿及岩石力学界研究的焦点。深部和浅部开采岩体工程力学特性的主要区别表现在深部开采具有"三高一扰动"的复杂地质环境："三高"即高地应力、高地温、高岩溶水压，而后两者对煤矿安全生产威胁更为突出；"一扰动"主要是指强烈的开采扰动，浅部岩体大多处于弹性状态，而进入深部后，由于强烈的支承压力岩体可能处于塑性状态，由各方向不等压的原岩应力引起的压应力、剪应力超过岩体强度而造成岩体破坏。此外，浅部岩体破坏通常为渐进式，具有明显的破坏前兆，而深部岩体动力响应过程大多数为突发式，具有强的冲击破坏特性，主要表现为岩体大范围的突然失稳。深部开采中，岩体随着承压水压力的升高，在采掘扰动条件下容易造成裂隙、断层及陷落柱等构造的活化，渗流通道相对集中，突水往往发生于采掘活动一段时间后，具有明显的瞬时突发性和不可预见性（何满朝，2007）。因此，对深部多场耦合条件下底板岩体破坏突水机理的研究能为深部煤炭资源安全开采提供可靠的理论基础。

对于井下深部采矿工程，煤层底板稳定性主要由底板岩体力学性质及其岩体中应力分布规律所决定，而底板岩体结构是通过影响这两个方面来控制底板稳定性的。底板稳定性问题是岩体结构复杂性与井下工程适应性和协调性的综合反映，因此准确了解岩体结构及其对底板采动效应的影响，并在开采设计中加以考虑，对于底板岩层控制与管理及防治底板突水事故具有重要的理论意义和实际应用价值。

淮北煤田位于华北聚煤区南部，至今已有60多年的开采历史，现有大、中型矿井30余口，是华东地区重要的煤炭基地。淮北煤田自中生代以来经历了多期次的构造作用，造成矿区内部地质构造极为复杂，主要表现在区内断裂、褶曲构造发育。淮北矿区在煤炭开采过程中曾发生过多次规模较大的底板突水事故，且大多数与构造有关，严重影响了矿井的安全生产。尤其在2013年2月3日，发生于桃园煤矿南三采区的底板突水事故，最大突水量在30 000 m^3/h 左右，短时间内造成淹井事故，损失惨重，经查明该次突水是由受采动影响导致煤层底板破坏带与隐伏陷落柱导通所致。因此，开展深部多场耦合条件下煤层底板突水流固耦合机理及采动效应岩体结构控制机理研究，能够为淮北矿区及类似开采条件下煤层安全开采与底板水害的有效防治提供理论基础与科学方法，对深部安全高效的开采具有重要的理论与现实意义。

第二节　国内外研究现状

一、深部开采研究进展

苏联学者认为在某一深度下，巷道由稳定状态向不稳定状态过渡，这一深度为极限深度,同时还应考虑受构造的影响,深部开采深度应乘以构造影响系数。德国学者通过对实测数据的分析,认为在一定地压条件下围岩变形产生由弹性变形向塑性变形的转变,产生这一极限地压的深度即为深部开采深度的界限。此外,世界范围内其他国家也对深部开采的界限进行了定义,英国学者把深部开采深度确定为750m,南非为1500m,日本为600m,美国为1554m,俄罗斯为1000m,德国为800~1200m(邹喜正,1993)。可以看出,世界范围内不同国家和地区对深部开采的界限有不同的规定,主要是由于深部开采与某地区当前技术水平有直接关系,在目前经济技术水平条件下,能经济、合理、安全地实现煤炭资源开采或者通过科技投入、提高人员素质等措施,仍可实现科学开采的深度即为深部开采深度。因此,深部开采深度不是一个绝对值,而是与时间、地区有关的值。

国内学术界根据目前采煤技术发展现状和安全开采要求,提出深部的概念是700~1000m。根据全国第三次煤炭资源预测,全国埋深2000m以浅的煤炭资源总量为5.57×10^{12}t,资源总量居世界第一。近年来国内不同学者对深部开采界限问题进行了探讨,梁政国(2001)根据采场中动力异常程度、巷道一次性支护使用程度等综合指标,提出深浅部开采深度界限值为700m,即500m以上为一般浅部开采,500~700m为准深部开采,700~1000m为一般深部开采,1000~1200m为超深部开采。何满潮(2007)建议将深部开采深度定义为工程岩体开始出现非线性力学现象时的深度。谢和平等(2012)从煤岩体所处的地应力环境出发,提出了根据应力环境定义深部开采深度的判据,$\sigma_1 = \sigma_2 = \sigma_3$,这能够为不同矿区、不同地应力及岩性条件下划分出不同的深部开采深度。图1-1展示了中国沉积岩地应力场分布规律,即沉积岩平均水平地应力值与铅直地应力比值随深部变化的规律。根据该判断,深部开采深度为静水压力分界线,即比值接近1,埋深在750~800m之间,以该分界线作为深部开采与浅部开采的界限具有统计意义(赵德安等,2007),但针对不同岩性需要根据实际情况且通过判据来进行分析。

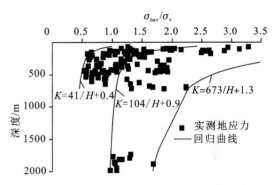

图1-1 中国沉积岩地应力场分布规律
K. 水平地应力与铅直地应力比值(天然地应力比值系数);H. 深度(m)

根据我国煤矿地质条件、现有开采技术水平、矿井装备水平等特征,一般认为采深800m以上为深部开采,软岩矿井采深600m以上为深部开采(勾攀峰等,2004)。胡社荣等(2010)从瓦斯突出、底板突水、地温、冲击地压、巷道变形等方面综合考虑,结合我国煤炭开采与勘探时期的实际情况,将深部矿井上限定为600~800m,将800~1200m、1200m以上定为深部亚类,并指出受高承压岩溶水威胁的华北型矿井的研究重点区域是800~1200m。

早在20世纪80年代初,国外学者已经开始意识到对深部开采问题的研究。苏联权威学者于1983年就提出了对采深大于1600m的深井开采进行专题研究。为了对深井开采研究,德国建立了特大型模拟试验台,对1600m深部矿井的三维矿压问题进行了模拟研究。

1989年岩石力学学会在法国召开了"深部岩石力学"国际会议,并出版了相关专著。世界上许多国家面临着深部开采问题,如俄罗斯、波兰、德国等国采矿业较为发达,以年均8~16m的速度向深部增加,率先进入了深部开采(尹立明,2011)。国外部分煤矿最大开采深度见表1-1。

表1-1　国外部分煤矿最大开采深度统计表

国家	俄罗斯	德国	波兰	英国	日本
平均采深/m	1300	947	690	700	1125

目前,我国煤炭资源正在向深部开采转入,但相关的基础研究还不够系统和深入。我国学者20世纪80年代开始建立起煤矿深部动力灾害综合防治理论与技术体系,并对这方面进行研究。一些高校和研究所紧紧围绕"深部开采"这一背景,对深部地质构造形态、水文地质条件、地应力场特征、岩体裂隙动态演化规律等也进行了一系列的研究,并取得了诸多有价值的研究成果。我国煤矿目前开采深度正以每年8~12m的速度增加,而东部煤矿以每10年100~250m的速度发展(朱刘娟等,2007)。我国国有重点煤矿开采深度逐年增加,变化趋势如图1-2所示。

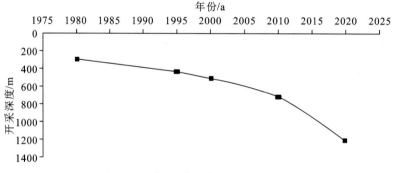

图1-2　我国煤矿采深变化趋势图

我国煤矿采深大于1000m的煤矿主要有沈阳彩屯矿、开滦赵各庄矿、新汶集团孙村矿等,国内煤矿最大采深统计结果如表1-2所示。随着矿井开采向深部发展,地质及水文地质条件复杂程度也在逐渐加大,何满潮等(2005)指出,深部开采具有"三高"的复杂地质环境,即高地应力、高地温、高岩溶水压,而后两者对煤矿安全生产威胁更为突出。此外,深部的围岩变形大,具有强流变特性,在深部高围压作用下,岩体由脆性向延性转化,破坏时永久性变形量较浅部相同岩性的岩体明显增大。深部岩体所属力学系统由浅部的线性力学向深部的非线性力学转化。部分或大部分传统理论和方法已不再适用。浅部开采与深部开采相比,最主要的差异是深部岩体经历了漫长的地质历史,建造和改造历史遗留痕迹较多,同时兼有现代地质环境特点的复杂地质力学材料,其力学特点如图1-3所示。

表 1-2 国内煤矿最大采深统计表

煤矿名称	彩屯矿	赵各庄矿	孙村矿	唐口煤矿	王家营矿
平均采深/m	1204	1165	1060	1024	1000

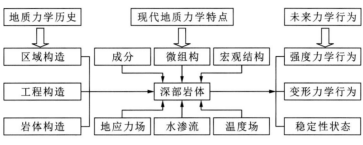

图 1-3 深部岩体地质力学特点

二、岩体结构研究进展

在岩体结构方面,国内外学者经过长期探索,进行了一系列相关方面的研究,初步取得了一些进展和成效。岩体力学是在 20 世纪 50 年代中后期形成的,其中以法国学者 Talobre 所著的《岩石力学》出版为标志(陶振宇等,1991)。早期的岩石(岩体)力学主要研究岩块的力学特征,大部分学者笼统地将岩体看成是一种材料,直接引用材料力学的连续介质力学理论,基本上还没有认识到岩体的特殊性和复杂性。直到吸取了法国 Malpassat 坝的破坏以及意大利 Vajont 坝的滑坡造成水库失效等大型工程事故的惨痛教训,学者们才开始重视岩体的裂隙性,注意对碎裂岩体基本力学特性的研究。岩体与完整的岩块不同,岩体中存在着各种形态的不连续面,以常见的断层、节理及层面等结构面为主。岩体正是由于受到不连续结构面的切割,形成一定的岩体结构,并赋存于一定的地质环境之中的地质体(谷德振,1979;王思敬,1992;孙广忠,1993)。奥地利学者 Stini 指出应该对岩体的结构面,如断层、节理和裂隙等进行观测,研究它们的性质及其对岩石力学性质的影响。

在大量的实验和实践基础上,于 20 世纪 70 年代末至 80 年代初,我国学者孙广忠(1985)明确地提出岩体结构控制论是岩体力学的基础理论,提出岩体变形是由岩体材料和结构变形共同引起的,岩体破坏受岩体材料和岩体结构破坏控制,岩体力学性质除了与岩体材料有关,还受岩体结构力学效应及环境因素控制。这些理论推动了岩体力学进入岩体结构力学的研究阶段(姜福兴等,1993)。

孙广忠(1993)根据多年的研究与实践,发现岩体破坏也受岩体结构控制,提出岩体在其结构控制下的 7 种破坏机制,如表 1-3 所示。此外,他还根据岩体变形和破坏机制以及地应力特点将岩体划分为如表 1-4 所示的 4 种力学介质。

表 1-3 岩体破坏机制

岩体结构类型	完整结构	碎裂结构	板裂结构	块裂结构
破坏机制	张破坏、剪破坏	结构体张破裂、结构体剪破坏、结构体滚动、结构体沿结构面滑动	倾倒破坏、溃曲破坏、弯折破坏	结构体沿结构面滑动

表 1-4 岩体力学介质分类

岩体力学介质类型	岩体结构类型及地应力条件	相应的岩体力学方法
块裂介质	块裂结构岩体	块裂介质岩体力学
板裂介质	板裂结构岩体、单向应力作用下的碎裂结构岩体	板裂介质岩体力学
碎裂介质	低环境应力条件下的碎裂结构岩体、粗碎屑散体结构岩体	碎裂介质岩体力学
连续介质	完整结构岩体、高地应力条件下碎裂结构岩体、细碎屑散体结构岩体	连续介质岩体力学

陈昌彦(1997)提出,结构面规模不同,在控制岩体结构效应的作用上也存在较大差异,对其重点研究内容及方法也不同。结构面按其规模不同一般分为5级,不同规模的断裂带属于Ⅰ—Ⅲ级,目前对断层带的研究主要通过地质力学理论及地球物理探测方法进行,三维地震技术可查明落差为5m以上的断层。节理、裂隙等构造属于Ⅳ—Ⅴ级,由于其存在的普遍性和随机性,该类结构面是岩体结构研究的重点及热点,主要研究方法为应用数理统计学方法,通过建立不同参数的统计模型对其力学特征进行研究,对结构面的密度及间距通过各种数学分布函数进行分析(Goodman et al,1980;Narr,1991)。Hoek Brown(1998)提出了岩体岩性-结构对岩体力学性质的影响,总体将岩体结构划分为六大类:完整型岩体、质量等级极好岩体、质量好的岩体、中等质量岩体、质量低岩体和极差岩体。他还提出了岩体破坏准则:$\sigma_{1s}=\sigma_3+(m\sigma_c\sigma_3+s\sigma_c^2)^{1/2}$。Jeager(1960)以单弱结构面理论为基础,研究了岩体强度随结构面与主平面之间夹角变化之间的关系,较好地揭示了结构面的作用。王桂梁(1993)提出了矿井构造预测方法和途径等。以上可以看出,煤矿开采中,岩体结构效应的影响逐渐被重视起来。

Odling(1994)通过分析结构面的轮廓线,得到了分形维数与粗糙度之间的经验公式。有学者通过分形理论对岩体结构面的几何形态及力学性质进行研究,在此基础上建立了不同类型的分形模型(谢和平,1996)。通过降低岩体整体弹性模量及相关力学参数指标,建立了等效本构模型关系,同样取得了较理想的效果(Carvalho et al,1996)。

三、底板采动效应模拟研究进展

煤层底板突水是煤层底板在地应力场、采动应力场及地下水渗流场等多场耦合共同作用下发生的一种底板失稳破坏现象。尤其当深度增加时,地应力场及承压水水压会随之增大,煤层采动后矿压显现会更加明显。因此,为了防止深部开采造成底板突水,需要对带压开采条件下深部围岩应力场、采动应力场及渗流场随煤层开采的分布变化规律有深刻的认识。为此,国内外学者开展了一系列的模拟试验,在底板采动破坏及突水方面取得了显著的成果。

(一)相似材料模拟方面

相似材料模拟实验多用于研究顶底板采动特征,如位移、应力随煤层开采的变化。20世纪70年代末,苏联学者 Bophcob 采用相似立体模型对煤层开采后底板岩层变形过程进行了研究。山东矿业学院的李白英、张文泉等于20世纪80年代末在王凤矿区及开滦赵各庄矿工作面及澄合矿区进行了室内相似材料模拟试验,对煤层顶底板移动规律及开采应力重分布特征进行了研究,对近断层带岩体应力在采动过程中的变化进行了分析,得出煤柱宽度在一定尺度范围内,煤层开采对断层带不会造成较大影响,若突破煤柱宽度的临界值则容易对断层产生较大影响作用(山东矿业学院,1991)。

黎良杰等(1996)利用相似材料模拟试验,对煤层开采底板承压含水层突水机理进行了研究,得出在正常块段,由于承压水作用,煤层底板破坏的主要形式为 O-X 型破坏,受断裂构造影响时,突水是由于两盘关键层位沿断裂面发生了相对移动;弓培林等(2005)利用研制的大型三维固-流耦合相似模拟试验装置,对带压开采条件下煤层底板应力、位移随工作面回采变化规律进行了研究,得出了三维条件下采动特征的一系列结论;姜耀东等(2011)利用自行研制设计的底板水压模拟装置,对煤层回采过程中顶底板失稳特征进行了相似材料模拟,分析了承压水导升带发育高度,得出峰峰矿区深部承压水工作面上方存在明显的"三带",并通过理论计算得到了底板最大破坏深度;张杰等(2011)在已有实验台上通过改进,利用"固-液-气"三相模拟实验台,对矿业规律和潜水渗流规律进行了研究,得出矿压显现与渗流规律较好对应;杨映涛等(1997)利用物理相似模拟技术,对存在断裂构造影响条件下煤层开采矿压及底板突水规律进行了研究,得到断层活化突水速度受煤层开采速度的影响;王经明(1999)通过相似材料模拟,利用橡皮囊模拟了开采条件下底板承压水的导升高度,提出了递进导升突水机理判据;朱第植等(1999)通过相似材料模拟实验指出,底板突水主要是由于老顶岩层的初次断裂导致底板张应力差达到最大而诱发;王吉松等(2006)利用相似材料模拟技术,提出煤层回采后底板应力分布呈"W"形,推导出邯郸地区600m以浅煤层底板破坏经验公式为 $h=0.04367H-2.7315M+12.6117$;张金才等(1993)通过对回采工作面周围应力分布特征的研究,分别提出了适用于高、低围压条件下的煤层底板采动裂隙带计算公式,同时分析了底板应力的传播特征,提出了运用极限破坏理论计算底板裂隙带深度;乔伟等(2013)利用自制断层活化突水相似模拟装置(0.3m×0.2m×0.4m),通过模型底部加入冰块,靠冰块消融而模拟断层错动,研究了断层活化过程中渗流方式的变化,指出综放开采断层活化突水过程经历了孔隙流、裂隙流、管道流的转换;吴基文(2007)通过相似材料模拟试验对断层带岩体采动效应进行了研究,得出采动导致的断层带两盘发生相对错动是"断层活化"突水的主要原因;王金安(1990)通过平面相似模拟实验,对承压水上带压开采底板裂隙产生的机理和过程进行了研究;赵阳升等(2004)对深部开采高地应力条件下脆性围岩硐室周围应力分布极变形破坏特征进行了相似材料模拟;陈陆望(2007)通过相似模拟得出了断层带附近的应力分布特征及断层稳定性。

(二)数值模拟方面

底板突水过程实质上是岩溶水流态灾变的演化过程。在数值模拟方面,对底板突水机理的研究重点在于对底板渗流-固体损伤耦合作用的研究。目前采用的主要数值模拟软件有 RFPA、FLAC3D、FLAC、UDEC 等。基于弹塑性、断裂及损伤理论,引入介质断裂、损伤判断准则,并嵌入描述介质破坏膨胀区渗透性-损伤演化方程,以此来研究岩体突水过程的流固耦合行为(Wang et al,2012;Ma et al,2014)。

尹尚先等(2003)利用 FLAC3D 软件建立了含陷落柱的数值模型,通过模拟得出,陷落柱的存在造成地层中应力分布的不均匀性,表现为陷落柱体内应力低于其围岩应力,且陷落柱顶面上方岩层应变大,与周围不协调,容易产生局部剪切变形;杨天鸿等(2008)利用数值模拟对矿井岩体破坏突水机制进行了研究,得出采动条件下底板突水过程,水流经历了在含水层中的 Darcy 层流、破碎带非 Darcy 快速流及进入底板后的 N-S 紊流 3 个物理过程;卜万奎(2009)利用 RFPA 软件研究了工作面在向断层推进过程中,断层带的活化特征及渗透性变化特征,得出了不同倾角、落差及水压条件下,底板断层的突水过程;王家臣等(2009)通过 FLAC3D 软件,模拟了不同性质陷落柱在采动条件下的破坏突水过程,揭示了陷落柱突水机理;李利平等(2011)基于应力-损伤-损伤耦合理论,采用有限元数值分析方法对不同断距和倾角的断层,在采动应力场及底板高承压水双重作用下底板采动裂隙演化规律、断层介质活化至突水通道形成过程进行了研究。此外,其他学者在利用 FLAC 软件对底板突水流固耦合机理方面也进行了大量研究,得出了许多有益的结论。

四、底板突水机理及预测预报研究进展

煤层底板突水是受采矿活动影响所诱发的一种底板失稳破坏现象,底板隔水层岩体结构在采动应力作用下遭到破坏,下伏承压灰岩水通过底板一系列采动裂隙最终大规模涌入工作面,致使工作面涌水量瞬时增加或淹井。造成煤层底板突水的因素众多,如含水层富水性(即水源、隔水层厚度)、底板采动裂隙或"活化"后的断裂构造等(即突水通道、采动应力等)。煤层底板突水是几种因素共同作用导致的结果。国内外学者经过长期的实践和不断地摸索,取得了一系列有益的成果和富有价值的理论方法。

在底板突水机理研究方面,国外学者起步较早,其中最具代表性的是20世纪40年代到50年代苏联学者斯列萨列夫以静力学理论为基础,对煤层底板破坏突水机制进行的研究。将煤层底板概化为两端固定受均布荷载的梁,并推导出了底板安全水压力值计算公式,即

$$p_0 = 2K_p h^2 / L^2 + \gamma h \quad (1-1)$$

式中,p_0 为底板所能承受的理论安全水压值(MPa);K_p 为隔水层的抗张强度(MPa);h 为底板隔水层厚度(m);L 为工作面最大控顶距或巷道宽度(m);γ 为底板隔水层平均容重(kg/m³)。

由于式(1-1)未将矿山压力、地应力及底板含水层等因素纳入考虑范围,同时该公式中梁厚度 h 与梁的长度 L 的比值一般大于 1/5,所以按梁结构考虑欠妥。综上,由于种种概化之后,该公式计算值与实际情况有较大差距,所以在利用上有一定的局限性。

20世纪60年代到70年代,不少学者开始意识到地质因素的作用,其中以匈牙利学者韦格·弗伦斯提出的相对隔水层厚度为代表成果,他的主要思想是将不同岩性的岩层换算为泥岩厚度。但这种方法未考虑到岩体强度、岩层厚度等因素,因此也不够全面。

20世纪70年代后期,国外学者在对矿柱稳定性研究过程中对底板破坏机理进行了研究。其中最具代表性的是Santos(桑托斯)、Bieniawski(宾尼威斯基)基于改进Hoek-Brown岩体强度准则,引入临界能量释放点的概念,分析了底板的承载能力。由于未考虑到水压对底板影响,因此该理论仅对破坏机理有一定参考价值,对流固耦合作用下底板破坏意义不大。

我国受矿井水害威胁的煤矿数量较多,在与煤矿水害长期"斗争"的过程中,我国学者对煤层底板突水机理及防治预测方面做了大量有益的工作,形成了下述具有代表性的几种理论。

(一)突水系数理论

该理论于1964年的"焦作水文地质会战"时期提出,作为当时国内最早的预测底板突水与否的依据之一,并随即在全国范围内得到了推广应用(山东矿业学院,1991)。突水系数就是指单位隔水层厚度所能承受的极限水压值,公式如下:

$$T_s = P/M \quad (1-2)$$

式中,T_s 为突水系数;P 为水压(MPa);M 为底板隔水层厚度(m)。

我国部分矿区根据历次突水实例的分析得出的临界突水系数值如表1-5所示。在上述突水系数概念指导下,峰峰、邯郸、焦作、淄博、井陉等矿区采用带压开采方法采出了大量的煤炭。

表1-5 部分矿区临界突水系数的经验值

矿区	临界突水系数值/(MPa·m⁻¹)	矿区	临界突水系数值/(MPa·m⁻¹)
峰峰	0.06～0.07	邯郸	0.06～0.10
焦作	0.06～0.10	淄博	0.06～0.14
井陉	0.06～0.15		

(二)"下三带"理论

该理论由山东矿业学院李白英教授(1991)所提出,认为煤层开采过程中底板和顶板相同,同样存在着"下三带",即上部由于采动而形成的采动破坏带、底部受承压水作用而形成的承压水导升带及中部未受影响的完整岩层带(保护带),如图1-4所示。该理论认为底板破坏是由底板承压含水层高压水及采动形成的矿上压力共同作用所致,发生突水的条件是底板含水带与导水裂隙带需沟通。"下三带"理论考虑到了采动矿压及承压水的共同作用,对底板突水机理及预测预报起到了一定的作用。但该理论仅定性地将底板分为了"三带",但对各带形成机理、破坏机理均未涉及,同时在应用过程中需对采动破坏带及导升带进行测定,对第二带岩层阻水能力进行研究,但测试过程中又会受到岩体尺寸效应等影响。因此,"下三带"理论在应用上受到了一定限制。

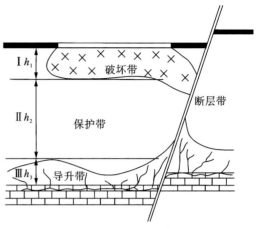

图1-4 底板"下三带"示意图

关于"岩水应力"说,王作宇等(1993)提出原位张裂与零位破坏理论、刘天泉院士等提出板模型理论、中国矿业大学(北京)钱鸣高院士等根据底板岩体层状结构特征提出关键层(KS)理论、中国科学院地质与地球物理研究所提出"强渗透通道"说理论等。

此外,刘钦等(2011)基于突水系数公式,通过分析底板岩层组合特征等因素,在综合考虑岩体力学强度和阻水性能的基础上,提出了质量比值系数和强度比值系数公式,煤层底板突水危险性评价结果更加准确;孟祥瑞等(2013)将物联网(IOT)感知技术用于底板突水预测,建立AHP模型并推导出其权值,利用GIS进行多因素融合处理,建立了突水相对概率指数的数学模型,该方法在突水预测上的准确率高达90%以上;张伟杰等(2013)以完整近水平煤层底板为研究对象,基于岩体极限平衡理论,考虑了包括隔水层岩性组合特征、工作面斜长等因素,提出了底板突水的极限水压计算公式,得出该方法对大斜长工作面底板突水预测有更好的效果;孟召平等(2011)研究了煤层底板隔水层的岩性及其结构特征对底板突水的影响,得出底板泥质含量高,则隔水性能提高但抗水压能力下降,裂隙发育破坏了底板的完整性不利于阻水,同时认为突水与否和底板最小主应力有一定关系;武强等(2013)在煤层底板突水主控指标体系建立的基础上,提出了煤层底板突水预测评价的脆弱性指数法,基于GIS的ANN型脆弱性指数法和AHP型脆弱性指数法,在底板突水预测评价上起到了较好的效果;施龙青等(1998)在现代损伤力学及断裂力学基础上提出了底板的"四带"理论,并推导出了各带的计算公式,给出了底板突水的判别方法;葛亮涛(1986)利用$P-H$曲线对煤矿底板突水发生与否进行了分析;罗国煜等(2014)将优势面理论应用于底板突水预测中,取得了较好的效果。

乔伟等(2009)针对含水层富水性弱但水压较高的深部开采底板突水情况提出了底板突水的 T_s-q 法,取得了较好的效果;李俊贤(2013)将断裂强度、密度、隔水层厚度、水压等因素分为连续和不连续指标,通过 MapObjects 和 ANN 的耦合,建立了底板突水新判据;祁春燕等(2013)通过复合分析法建立了煤矿底板突水模型,对复合分析中各因素对底板突水影响进行了研究,为煤矿防治底板突水提供了依据;胡巍等(2013)通过有限元强度折减法,基于 FLAC3D 建立了底板突水的安全系数法判据,与突水系数法相比考虑因素更多;张文泉等(2013)将对底板突水影响不明显的因素剔除,以含水层富水性、水压、隔水层厚度及断层导水性 5 个因素作为主要判据,建立了 Fisher 判别模型,对底板突水危险性进行了预测;武强等(2013)将分区变权理论引入底板突水脆性预测中,全面考虑在突变情况下主控因素指标权重的变化及各要素间的相互组合关系,得出权变模型预测底板突水时评价效果更好;李忠建等(2013)利用多源信息复合技术,提出多因素复合原则,对底板突水影响因素进行了评价,同时对奥灰水防治具有一定指导作用。

第三节 主要研究内容与技术方法

一、研究内容

本书以淮北矿区为研究对象,在总结前人研究的基础上,基于沉积学、岩体力学、地下水动力学、采矿学等相关理论,采用室内实验和现场实测等方法,对淮北矿区下组煤底板沉积特征进行研究。本书建立了不同结构类型的底板模型,采用数值模拟及相似材料模拟方法,对采动效应的岩体结构控制机理进行研究;结合现场底板注浆加固改造工程,开展岩体结构变化对采动效应影响的研究,验证了底板采动效应的岩体结构控制机理,为深部开采煤层底板水害防治提供科学依据。根据以上研究思路,确定研究内容与方法如下。

1.淮北矿区下组煤底板沉积特征及水文地质特征研究

(1)根据淮北矿区下组煤底板沉积环境及岩性组合特征,对煤层底板岩层进行组合分层,在此基础上将淮北矿区底板岩层组合特征进行分类,以此作为完整层状底板工程地质模型的依据。

(2)淮北矿区下组煤开采底板水害直接水源为太原组灰岩含水层,对淮北矿区太灰含水层富水性进行分析,研究矿区内太灰富水性特征。同时在矿井进入深部开采后,不同开采水平条件下,开展各分矿区下组煤隔水层底板承受的水压及开采突水危险性研究,评价进入深部开采后底板突水危险性。

(3)对淮北矿区构造背景进行分析研究,并结合淮北矿区下组煤开采过程中发生底板突水的典型案例,揭示出底板突水与岩体结构的对应关系,在此基础上建立含断裂构造及陷落柱的底板模型,作为非完整底板工程地质模型的依据。

2. 深部开采流固耦合条件下完整结构底板采动效应研究

(1) 运用FLAC3D软件,基于其内部FISH语言进行编程,对软件进行二次开发,实现煤层开采过程中采动应力与底板水压之间的耦合关系。基于软件内部 gp_flow()函数编程,对底板突水量大小进行分析。

(2) 对流固耦合作用下及不考虑底板水压时,煤层开采后底板破坏形态进行对比分析,得出底板破坏形态的差异,揭示流固耦合条件下对底板采动效应的影响作用;对浅部开采及深部开采条件下,底板破坏塑性特征进行分析对比,得出矿井深部高地应力及高底板水压耦合作用下,底板破坏与浅部的差异。

(3) 利用软件内部额外单元变量函数 z_extra()编程,对底板隔水层厚度一定且在不同底板水压条件下,围岩渗透性随工作面回采变化情况进行分析,得出渗透性随水压的变化关系。

(4) 在不考虑底板水压条件下,对不同岩层组合特征底板采动效应进行研究,分析不同组合特征底板采动破坏特征及采动应力在底板用传递规律特征,揭示岩层组合特征对底板采动效应的控制作用。对流固耦合条件下,不同岩层组合底板采动效应进行研究,揭示底板水压对采动效应的影响作用。

3. 流固耦合条件下含断裂及陷落柱底板采动效应研究

(1) 在流固耦合条件下且底板中含裂隙时,本书对底板采动破坏特征进行研究,得出裂隙诱发工作面底板突水的动态过程,揭示了含裂隙底板突水的流固耦合机理。

(2) 在流固耦合条件下且断层切穿煤层时,本书对底板采动效应进行分析,得出断层活化机理,并对不同底板水压条件下,断层诱发工作面底板突水机理进行研究,得出深部水压增大后,底板突水通道的变化。对深部地应力以构造应力为主的条件下,煤层底板破坏特征及断层活化机理进行研究,对比与自重应力为主条件下的差异。

(3) 在流固耦合条件下,本书对断层带对煤层采后岩体采动应力、位移传递规律的影响进行研究,分析底板深部岩体应力状态特征,从采动应力和位移角度揭示了随着煤层开采,断层诱发底板突水的岩体应力控制机理。

(4) 在流固耦合条件下,本书对含隐伏陷落柱的底板采动效应进行研究,得出陷落柱的存在对底板采动效应的影响。陷落柱隐伏深度一定时,在不同底板水压条件下,本书对工作面回采、底板破坏特征及陷落柱变形进行分析,得出底板承压水水压对陷落柱损伤的影响及陷落柱的活化机理。对不同隐伏深度的陷落柱在不同底板水压条件下的损伤特征进行研究,本书可以得出陷落柱隐伏深度与工作面底板临界突水水压之间的关系。

4. 含断裂构造岩体采动效应相似材料模拟试验研究

通过相似材料模型,对煤层开采过程中采动应力在底板中的传递规律进行分析,本书得出断层带对采动应力分布的影响。此外,对煤层开采过程中煤层顶底板位移进行监测,得出断层带对位移场的控制作用,综合应力及位移特征揭示断层对工作面围岩采动效应的控制机理及断层受开采影响发生活化机理。

5.底板注浆加固与含水层改造工程应用研究

(1)对注浆前后煤层底板岩芯强度进行分析对比,采用震波波速测试法对现场工作面底板注浆前后岩体波速进行分析,采用实验室波速测试法对所取岩芯进行波速分析,研究注浆前后底板岩体强度及结构变化特征。

(2)通过数值模拟对底板注浆前后采动效应进行研究,利用孔间电阻率CT法及震波CT法对注浆前后工作面底板破坏深度进行实测,进一步验证底板采动效应的岩体结构控制机理。

(3)结合淮北矿区恒源煤矿下组煤Ⅱ615工作面底板注浆加固改造实际工程,对工作面底板注浆加固改造前后采动效应进行研究,对注浆加固效果进行定量评价,分析对比其差异,验证底板采动效应的岩体结构控制机理。

二、技术路线与工作量

本书在对研究区资料收集和整理的基础上,对淮北矿区下组煤底板岩体结构进行了分类,运用数值模拟与相似材料模拟相结合的方法对不同岩体结构类型底板采动效应进行了研究,并通过实验室测试、现场实测与数值模拟,对注浆前后煤层底板岩体结构特征变化及其底板采动效应进行了分析,最终揭示了底板采动效应的岩体结构控制机理。具体的研究技术路线如图1-5所示。

本书开展的主要工作有收集淮北矿区相关勘探钻孔资料、程序编写、建立不同结构底板模型、不同结构底板采动效应数值模拟、含断裂结构底板采动效应相似材料模拟、岩石力学性质测试、岩块波速实验室测试、底板岩体原位波速测试、工作面底板采动破坏测试、煤层底板注浆前后岩体强度测试等,完成的主要工作量如表1-6所示。

表1-6 主要工作量统计表

序号	工作内容	工作量
1	收集淮北矿区相关勘探钻孔资料	200余个
2	程序编写	编写流固耦合程序,100余条
3	建立不同结构底板模型	3个大类6个亚类
4	不同结构底板采动效应数值模拟	完整结构底板模型5个,约400机时 非完整结构底板模型5个,约400机时 底板注浆前后模型2个,约360机时
5	含断裂结构底板采动效应相似材料模拟	历时1.5个月,全站仪累计读数4128次
6	岩石力学性质测试	75组
7	岩块波速实验室测试	69件
8	底板岩体原位波速测试	4个钻孔
9	工作面底板采动破坏测试	数据采集87次

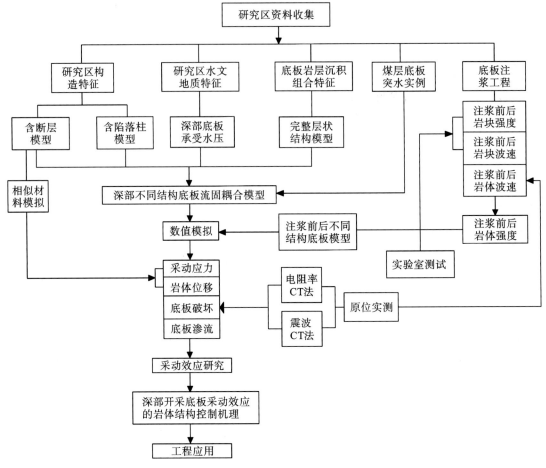

图 1-5 技术路线图

三、主要成果

近年来,随着国内矿区煤层开采深度的增加,底板水害事故较以往浅部开采日趋频发,矿井进入深部开采后,采场地应力及底板承压水水压也随之增大,尤其在华北煤田山西组下部煤层开采过程中,受到太原组及奥陶系灰岩承压水的威胁更加严重。其中淮北矿区位于华北煤田南缘,所处地质构造单元独特,矿区煤系地层断裂、陷落柱等构造极为发育。加之近年来开采深度逐渐增加,造成下组煤底板水害事故频发。因此,开展对矿井深部下组煤回采过程中底板突水机理的研究,对淮北矿区乃至整个华北矿区下组煤安全回采都具有重要的理论与现实意义。

本书以淮北矿区为研究对象,开展了矿井深部不同底板岩体结构条件下工作面回采过程中底板采动效应的研究,从岩体结构角度揭示了矿井深部底板突水机理。本书从矿区水文工程地质特征入手,对矿区山西组下部煤层底板岩层的沉积特征、底板岩体结构特征及底板太原组灰岩岩溶含水层富水性特征进行了系统分析与研究。在此基础之上,本书建立了3

个大类 6 个亚类不同底板岩体结构特征的地质模型,采用数值模拟方法对 6 个亚类不同结构底板采动效应进行了研究,并采用相似材料模拟试验法对含切割煤层断层结构底板采动效应进行了研究。最后,本书结合工作面底板注浆加固改造工程,综合运用理论分析、数值模拟、实验室试验及现场实测等技术手段,对注浆前后工作面底板采动效应差异进行了系统分析,最终取得了如下研究成果和结论。

(1)在分析淮北矿区山西组下部煤层底板沉积特征的基础上,对矿区下部煤底板沉积组合进行分类,得出矿区下组煤底板沉积组合可分为三大类,即硬-软型、软-硬-软型及软硬相间型,并以此为依据,建立了完整层状结构底板模型;通过对淮北矿区山西组下部煤开采过程中底板水害事故的研究得出,底板发生突水的位置与底板岩体结构有着密切的联系,通常发生在底板薄弱地带,如厚度变薄带、底板裂隙发育部位、断层及陷落柱发育部位,反映出底板突水与底板岩体结构的对应关系。

(2)基于 FISH 语言对 FLAC3D 软件进行二次开发,对完整层状结构底板流固耦合作用下的底板采动效应进行了深入研究,得出相同底板隔水层厚度条件下,随着底板水压的增加,底板采动破坏深度增加,同时含水层上部会产生一定范围的原位张裂带,且随着水压增大范围也会进一步扩大,底板突水危险性升高。当底板厚度一定,随着采深的增大,底板在高采动应力与水压共同作用下,破坏深度进一步增大,揭示出矿井进入深部开采后,底板突水风险较浅部大。同时揭示出浅部与深部开采底板采动塑性分区的差异,主要表现在进入深部开采后,含水层顶部出现了原位张裂带,而浅部开采条件下,底板下方仅发育采动破坏带。

(3)对不同岩层组合条件下底板采动效应进行了分析,得出岩层组合特征不同,底板采动效应存在明显差异,综合采动应力及采后围岩渗透性来看,软硬相间型底板对底板阻水最为有利,而硬-软型底板最差;底板中采动应力特征可概括为 1 条曲线、2 种区间、3 个特征点,1 条采动曲线可划分为增压与卸压 2 个不同应力区间,以及卸压峰值、应力转换点和应力回归点 3 个特征点,当考虑流固耦合条件时,应力转换点深度增大,表现为受采动卸压影响程度更大。同时深部由原来的增压逐渐转换为卸压,即底板承压水水压的存在,使底板深部出现明显卸压,不利于底板阻水,且不同岩层组合底板中采动应力转换点深度变化幅度不同,硬-软型底板卸压幅度最大,而软硬相间型最小,揭示出岩层组合特征对底板采动效应的控制机理。

(4)对底板中包含裂隙、切穿煤层断层及隐伏陷落柱 3 种不同结构底板模型进行了采动效应研究,得到了在断层及陷落柱受采动与底板水压共同影响下,活化诱发工作面底板突水的过程,结果表明,随着采深增大以及底板水压和地应力的增大,构造诱发底板突水风险也增大。裂隙诱发底板突水过程可分为 3 个阶段,即裂隙剪切破坏阶段、剪切破坏区扩展阶段和突水通道形成阶段。切穿煤层断层诱发底板突水主要是原位张裂带进一步向上发育了采动导升现象,致使底板有效隔水层厚度明显减小;隐伏陷落柱诱发底板突水过程为陷落柱产生向上的导升与底板采动破坏贯通所致,揭示了不同岩体结构底板突水机理。

(5)通过对含断裂构造模型的相似材料模拟试验,得出断层带对岩体采动效应有明显的控制作用,从采动应力场传递规律及位移场特征可以看出,断层带对采动应力的传递有明显的阻隔作用,当煤柱宽度小于 30m 后,采动应力会在上盘岩体近断层带附近产生集中,导致断层上、下盘岩体中采动应力出现明显差异,从而使两盘岩体沿断层面出现了明显的位移差,最终上盘岩体沿断层带出现错动,导致断层活化,揭示了断层对岩体采动效应的控制作用与采动诱发断层活化机理。

(6)结合研究区恒源煤矿山西组下组煤 6 煤Ⅱ615 工作面底板注浆加固改造工程,对注浆前后底板岩体结构进行了系统研究,基于岩块力学性质及波速测试、岩体原位波速测试,得出注浆后底板中砂岩段强度提高 1.36 倍,泥岩段提高 1.01 倍,砂岩段注浆效果显著。通过底板采动破坏深度实测,得出煤Ⅱ615 工作面注浆后底板破坏深度为 14m,比类似开采条件下,未注浆煤Ⅱ614 工作面底板采后破坏深度要小,说明注浆改造工程造成底板岩体结构不同,采动效应亦不同,进一步揭示了底板岩体采动效应的岩体结构控制机理。

(7)通过实验室测试与原位实测研究得出,采取底板注浆加固改造措施后,底板砂岩、泥岩段岩体强度提高,同时含水层被改造为弱透水层或隔水层,底板隔水层厚度较注浆前增大。相同底板水压条件下,底板隔水层厚度的增加将不利于底板深部原位张裂带的发育,而底板岩体强度的增加可使得底板采动破坏深度明显减小。因此,底板注浆加固改造后,随着底板隔水层厚度与岩体强度的增加,会使底板采动破坏深度与原位张裂高度同步减小,由于底板"两带"之间有效隔水层厚度增加,提高了底板岩体阻隔水能力,从而实现了下组煤底板带压安全回采。

第二章 淮北矿区水文工程地质特征及底板岩体结构类型

淮北煤田地处华北聚煤区南部，区内有皖北煤电集团公司和淮北矿业集团公司两个特大型煤炭企业，至今已有60年的开采历史，现有大、中型矿井30余口，已形成年产量3000×10^4t左右的煤炭生产规模，是安徽省乃至华东地区的重要煤炭基地。淮北煤田主要含煤层组为二叠系山西组和下石盒子组，煤田水文工程地质环境具有华北煤田的基本特征，水文地质条件复杂，山西组下部煤层开采普遍受到下伏太原组灰岩水和奥陶系灰岩水的威胁严重，曾发生多次重大、特大底板突水导致的淹井事故。本章在分析矿区水文工程地质特征的基础上，通过对淮北矿区山西组下部煤层底板沉积特征及水害与底板岩体结构的相互关系的研究，从而将底板岩体结构进行了概化分类。

第一节 矿区地质概况

一、矿区地层组成

根据区域资料，淮北矿区内发育地层由老至新分别为太古宇五河群，新元古界青白口系、震旦系，下古生界寒武系、下奥陶统、中奥陶统，上古生界石炭系、二叠系，中生界三叠系、侏罗系、白垩系，新生界古近系、新近系及第四系。根据钻探资料及生产过程中实际揭露，淮北矿区内所见地层由老到新分别为奥陶系、石炭系、二叠系、侏罗系、古近系、新近系和第四系，由老到新简述如下。

(1)奥陶系：在矿区范围内为埋藏型，仅在山区有部分出露，根据区域资料地层总厚度在500m以上，由厚层灰岩、白云岩局部夹燧石条带组成，是煤系地层的基底，习惯称为"奥灰"。尤其中奥陶统马家沟组岩溶发育较好，富水性强，是构成区域地下水系统的主要水源，也是矿井充水的间接水源。

(2)上石炭统本溪组：该煤田内本溪组与下伏奥陶系呈假整合接触，厚为30～40m，且由南向北厚度逐渐变薄，上部为紫红色砂泥岩，下部为灰白色铝质泥岩，为弱透水层。

(3)上石炭统—下二叠统太原组：整合于本溪组之上，厚约130m，其中发育薄层灰岩11～14层，三灰、四灰厚度大，局部九灰、十一灰较厚，上部一至四灰岩溶发育，富水性较好，习惯称为"太灰"。第一层灰岩为"标志层（K_1）"。

(4) 下二叠统山西组：与下伏太原组呈整合接触，自太原组一灰顶界至铝质泥岩底（K_2）界面，本组厚 85~135m，主要由砂岩、粉砂岩、泥岩及煤层组成。含主采煤层 1~2 层，濉萧矿区称为 6 煤，在涡阳、临涣、宿县区称为 10 煤，涡阳矿区局部发育 11 煤，该煤组在淮北矿区称为下组煤，如图 2-1 所示。

(5) 中二叠统下石盒子组：本组与下伏山西组整合接触。下界为铝质泥岩底，上界为 3 煤下 K_3 砂岩。本组厚约 300m，主要由砂岩、泥岩、铝质泥岩（K_2）及煤层组成。底部发育灰白色铝质泥岩（K_2）；下部岩性以浅灰色中、细砂岩为主，靠近粉砂岩、泥岩或碳质泥岩。8 煤层过渡为区域较厚煤层，顶板富含植物化石；中部以深灰色厚层泥岩、粉砂岩为主，夹薄煤层、中厚层石英砂岩；上部以中细粒砂岩为主，夹粉砂岩、鲕状泥岩。

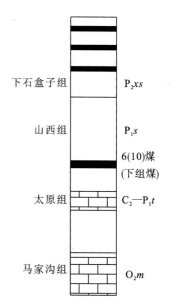

图 2-1　主采煤层柱状图

(6) 中、上二叠统上石盒子组：与下石盒子组为连续沉积。K_3 砂岩至顶部平顶山砂岩，本区顶部多无揭露。厚为 150~890m，平均厚度为 518.97m。由一套厚层的陆相杂色粉砂岩、泥岩、砂岩、煤层组成。主要标志层为位于 3 煤层至 4 煤层间的 K_3 砂岩。上细下粗，以中粒为主，底部含有砾石层。成分以石英为主，含较多乳白色斜长石，少量暗色矿物，呈硅质胶结，致密坚硬。

(7) 上二叠统石千峰组：本组底界为平顶山砂岩，上界在矿井内无钻孔揭露，与下伏上石盒子组整合接触，厚度在区域变化较大，钻孔揭露厚度大于 320m，未见顶。岩性为浅灰色—灰白色粗中粒石英砂岩、棕褐色且局部含灰色斑点的粉砂岩、细砂岩。

(8) 上侏罗统：本组仅在宿县矿区朱仙庄矿发育较好，为一套紫红色陆相沉积物，钻孔揭露厚度大于 240m。下部为砾岩，主要成分为石灰岩及少量的砂岩、变质岩，以钙质胶结为主，岩溶发育，为矿区第五含水层；中部为粉砂岩、砂岩与砾岩互层，具明显下粗上细的韵律式沉积；上部多粉砂岩，粒度向上变细。

(9) 古近系：与下伏二叠系或侏罗系呈平行不整合接触，在宿县矿区发育较好。钻孔揭露该系两极厚度为 0~300.26m。下部为紫红色石灰质砾岩，磨圆度较好，分选不均，砾径以 3~5cm 居多；顶部有薄层石英质砾岩；中部为紫红色砂岩及砂质泥岩，上部为灰绿色、灰黄色黏土岩和砂岩互层，层理清晰，含云母碎片。

(10) 新近系中新统：与下伏地层呈不整合接触。钻孔揭露该统两极厚度为 60.29~185.60m，平均厚度为 126.88m。根据岩性特征，一般分为上、下两段。下段岩性较复杂，一般由土黄色、灰黄色和杂色含泥质中细砂、砂砾、砾石及黏土砾石组成，局部呈半固结状；上段部分地区缺失，中上部由灰绿色黏土和砂质黏土组成，下部由砂质黏土、钙质黏土和少量泥灰岩组成。

(11) 新近系上新统：下部以细砂、中细砂、中砂为主，次为粉砂及黏土质砂，夹 3~7 层黏土和砂质黏土,为河湖交替相沉积物中的标志,钻孔揭露该统两极厚度为26.2~157.12m,平均厚度为60.51m;上部以棕红色黏土和砂质黏土为主,可塑性好,分布不稳定,构成一较大的沉积间断古剥蚀面,可作为新近系与第四系的界线。

(12)第四系更新统:下部为砂层与黏土、砂质黏土,呈互层状,以河间阶地沉积物为主,砂层不发育,且多呈薄层状,只在河漫滩地段砂层发育,构成明显的沉积旋回,钻孔揭露该统两极厚度为9.95~265m,平均厚度为60.51m;上部以暗黄色、棕黄色黏土和砂质黏土为主,夹有薄层砂层,富含钙质结核和铁锰质结核,为一沉积间断的古剥蚀面,可作为区域更新统与全新统的界线。

(13)第四系全新统:下部以细粉砂层为主,夹薄层黏土,中、上部以黏土夹薄层砂为主,含腐殖质及螺蚌碎片,钻孔揭露该统两极厚度为15~57.8m,平均厚度为29.31m。近地表为褐黑色耕植土壤,垂深3~5m为砂质黏土,含钙质砂礓结核。

二、区域大地构造背景

安徽省位于中国东部地区,地跨华北陆块、大别山造山带和华南陆块三大构造单元,经历了多旋回的构造-岩浆活动,地质构造较复杂,地处华北与华南两大沉积类型的交变地带,新太古代以来的各时代地层齐全。安徽省地域大地构造背景主要受一条古板块对接带(秦岭-大别造山带)和一条北东向巨型断裂带(郯庐断裂带)的影响,即位于特提斯构造与太平洋构造两大构造体制的终结部位。

(一)大别山造山带

大别山造山带位于秦岭-大别构造带的东段,为一个长400km、宽150~260km的地段,蜿蜒有著名的大别山脉和桐柏山脉,造山带的西端与秦岭造山带连成一体,东端被郯庐断裂带切割并北移至苏鲁地区(图2-2)。

大别山造山带在燕山运动时期,以总体上发生指向南的陆内A型俯冲和中深层次的滑脱及逆冲推覆为基本特征,其北侧发育由造山带指向板内的区域性反向逆冲断裂系(图2-3),前锋带抵达华北南部的含煤盆地(淮南煤田),使煤田原始边界遭受破坏和改造。

徐嘉炜(1987)最先提出了大别山碰撞是由华北陆块与扬子陆块在中生代碰撞对接而成,此后国内外很多研究机构学者在此地区从构造格局、构造演化、构造年代学、超高压变质带、成矿作用等多个角度进行过探讨与研究,取得了重要成果。目前,研究者们已经基本形成共识,即大别山造山带是华北与扬子两大陆块在印支期碰撞形成的造山带,其超高压变质带是由深俯冲作用所致。

大别山造山带具有多旋回复合造山的特征,经历了复杂的古大陆边缘演化、陆-陆碰撞、陆内俯冲、逆掩-叠覆等造山历程。在早侏罗世晚期—早白垩世期间,大别山地区进入了造山带形成与演化阶段,造山运动过程具有幕式演化的特征。印支运动在本区表现相对较弱,

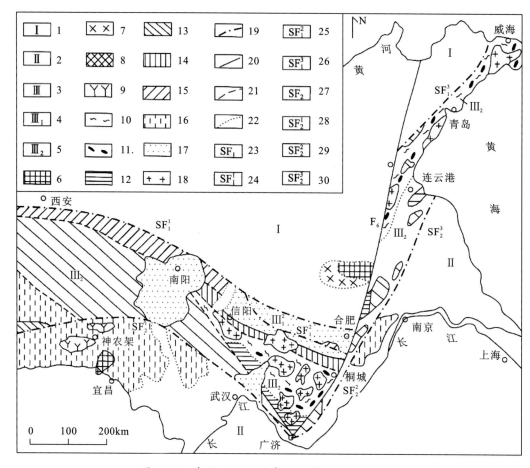

图 2-2 秦岭-大别-苏鲁造山带地质分区略图

1.华北陆块;2.扬子陆块;3.秦岭-大别-苏鲁造山带;4.北秦岭构造带;5.南秦岭构造带;6.华北陆块变质基底(Ar);7.华北陆块元古宙底层(Pt);8.扬子陆块变质基底(Ar_3—Pt_1);9.中元古界神农架群(Pt_2);10.大别-苏鲁造山带变质杂岩(Ar_3—Pt_1);11.榴辉岩带;12.红安-宿松岩片组合(Pt_3);13.随县-张八岭岩片组合(Pt_3);14.苏家河-卢镇关岩片组合(Pt_3)、含南湾-佛子岭岩片组合($\in$—D);15.北秦岭地区构造地层序列(Pt—Pz);16.扬子地区古生代地层(Pz);17.中、新生代地层(J—K);18.中生代花岗岩;19.地块与造山带界线;20.断裂带(F_6 郯庐断裂带);21.造山带内部界线;22.推测地界线;23.华北陆块与秦岭-大别-苏鲁造山带界线;24.栾川-确山-固始断裂;25.六安断裂;26.五莲-即牟断裂;27.扬子陆块与秦岭-大别-苏鲁造山带界线;28.襄樊-广济断裂;29.黄陂断裂;30.响水断裂

主要为褶皱构造运动;造山期后(K_2 以来)的构造变形,表现为北北东向走滑断裂系和北西西向走滑断裂系,对已形成的造山带构造格局起到了改造和破坏作用。

(二)郯庐断裂带

郯庐断裂带是一条横穿我国东部湖北、安徽、江苏、山东以及辽宁等地区呈北北东向延伸、由一系列北北东向断裂带组成的平面呈缓 S 型的深大走滑断裂系(图 2-4)。由于郯庐

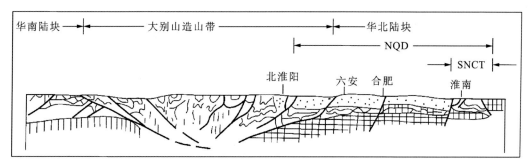

图 2-3 大别山造山带至华北陆块区域构造剖面图

SNCT. Southern North China Thrust(华北南缘逆冲带);NQD. Northern Qingling-Dabie(秦岭-大别造山带北缘)

断裂带是研究中国东部大地构造演化问题的关键,因此自从提出其存在巨大左行平移运动并且大别-苏鲁超高压变质带被其切断平移以来,一直深受国内外学者的关注。

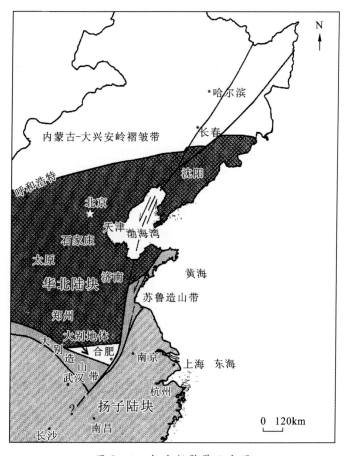

图 2-4 郯庐断裂带示意图

多年以来关于郯庐断裂带的研究一直在不断进行,研究成果众多,但对郯庐断裂带的起源与演化问题、走滑年代、平移距离等方面均存在分歧。目前,多数学者认为郯庐断裂带活动起始于中生代,属于华北与华南陆块印支期的陆-陆碰撞过程中的同造山期产物,之后与西太平洋区陆块的斜向俯冲碰撞有关,其自中生代以来经历了长期的复杂演化。

近期,有学者通过研究认为,印支运动之后郯庐断裂带主要受西太平洋陆块运动所产生的区域地质动力控制,经历了晚侏罗世—早白垩世时期的左行平移走滑运动、晚白垩世—古近纪时期的伸展断裂断陷、或和新近纪以来的受压逆冲运动的构造演化历程。

郯庐断裂带是中国东部地区重要的构造变形行迹,同时也是华北煤田重要控煤构造。华北晚古生代聚煤盆地东段被郯庐断裂带切割而发生推移,成为了相对独立的赋煤构造单元。郯庐断裂不仅控制了华北陆块的板内变形作用,同时断裂旁侧也派生出旋卷构造,如徐淮弧形构造影响与控制了煤系赋存状况。

三、矿区地质构造背景

淮北矿区位于华北地台东南缘的豫淮凹陷东部、安徽省北部。淮北矿区包括濉萧矿区、涡阳矿区、临涣矿区及宿县矿区4个赋煤亚区,矿区主体属于鲁西-徐淮隆起区中南部的徐宿凹陷。矿区夹持于近东西向的构造区内,北以丰沛断裂为界与丰沛隆起连接,南以板桥-固镇断裂为界与蚌埠隆起相接(王桂梁等,1992),东部以郯庐断裂带为界,西与河淮沉降相接。总体来讲,淮北矿区构造格架具有南北分异与东西分带的特点,即淮北矿区内部以近东西向的宿北断裂为界,将矿区分为两个区。其中,北区南以宿北断裂为界,北以丰沛断裂为界,处于徐宿弧形推覆构造体的主体部位前缘;南区位于宿北断裂与板桥-固镇断裂带之间,包括涡阳、临涣、宿县3个亚区,其中涡阳矿区与临涣矿区以近南北向丰涡断裂为界,临涣与宿县矿区以北北东向南坪断层为界,南区为第四系松散层覆盖的全隐伏区域(李恒乐等,2013;孙尚云,2013)。淮北矿区构造纲要图如图2-5所示。

淮北矿区自加里东构造运动之后,接受了从中石炭世以来的连续地层沉积,在矿区内石炭纪—二叠纪沉煤之后,从晚三叠世起矿区基底先后经历了印支期、燕山期、喜马拉雅期3期主要构造运动。由于各期构造运动方向、性质、强度不同,造成淮北矿区内部不同方向构造相互叠加、切割,形成了淮北矿区复杂的地质构造格局,严重破坏了地层的完整性。

淮北矿区内构造的形成、发展与板内机陆块边缘构造演化密切相关。煤系基底形成之后,最先受到晚三叠世开始的印支运动影响,受到华北、扬子陆块碰撞对接影响,形成了强大的南北向挤压力,在其作用下,华北地台南缘结束了长期受地层沉积作用影响,形成了区内最早东西向的构造。燕山期随着华北、扬子陆块挤压作用的减弱,区域构造作用开始由南北分异向东西分异转化。侏罗纪以来,中国大陆受太平洋板块俯冲作用,区内应力场方向由原来的近南北向转为北西—北西西向,区内构造格局产生了明显变化,形成了一系列北北东向的断裂及轴向北北东向的褶曲构造,同时该期次构造切割了印支期近东西向的构造。中晚侏罗世,受更强烈燕山运动影响,徐宿地区形成由东向西的盖层推覆,徐宿弧形推覆构造就

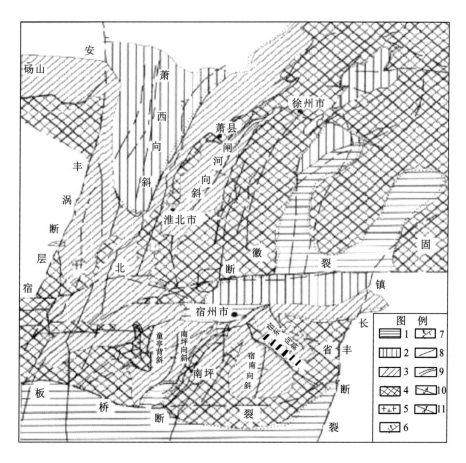

图 2-5 淮北矿区构造纲要图

1.古近纪构造层;2.白垩纪构造层;3.石炭纪—二叠纪构造层;4.震旦纪—奥陶纪构造层;5.岩浆岩;
6.正断层;7.逆断层;8.隐伏断层;9.不整合地质界线;10.背斜轴;11.向斜轴

形成于此时期。燕山中晚期,中国东部地区伸展构造发育活跃,形成了许多独立的断陷盆地,并发育大规模北北东向拉张性断裂构造,如丰涡断裂,进一步切割早期的东西向断裂。晚白垩世晚期以来,中国大陆主要受喜马拉雅运动影响,区内产生近南北向拉伸作用,使区内一些近东西向及北北东向的断裂分别产生拉张和平移滑动,形成了一系列走向近东西向的正断裂。这一时期伸展构造运动的重要体现就是宿北断裂,由早期具平移性质的调整断层转化为正断层,不仅造成了徐宿推覆构造的不连续,且对煤层的赋存有重要影响,使得宿北断裂以南煤层埋深加大,而北部相对埋深较浅(李东平,1993;琚宜文等,2002)。

综上所述,淮北矿区独特的地理位置致使矿区受到了独特的构造作用。淮北矿区现今构造格架是漫长地质历史中多期次构造运动的产物,区内断裂、褶曲等构造极为发育,整体表现为东西向构造被北北东向构造所改造。淮北矿区内复杂的地质构造条件,破坏了矿区煤系地层岩体岩体结构的完整性,各种断层、节理、裂隙遍布煤层底板,在下组煤 6(10)的开采过程中,受采动影响容易造成断层构造的活化,与下伏太会承压含水层导通,形成沿断裂带的集中导水通道,造成下组煤底板突水事故。此外,从生产揭露来看,淮北矿区部分位置陷落柱发育,如濉萧、宿县、临涣矿区均有发现,陷落柱构造也是造成突水的原因之一。因此,开展对下组煤底板岩体结构特征的研究对于揭示突水机理与突水事故的防治具有重要的意义。

四、矿区水文地质特征及深部下组煤开采突水危险性分析

淮北煤田大地构造环境处于华北陆块东南缘,豫淮坳陷带的东部,徐宿弧形推覆构造的中南部,东有固镇-长丰断层,南有光武-固镇断层隔蚌埠隆起与淮南煤田相望,西以夏邑-固始断层与太康隆起和周口坳陷为邻,北以丰沛断裂为界与丰沛隆起相接。四周大的断裂构造控制了该区地下水的补给、径流、排泄条件,使其基本上形成一个封闭—半封闭的网格状水文地质单元。淮北煤田中部还有宿北断裂,其间又受徐宿弧形推覆构造的次一级构造制约。因此,以宿北断裂为界将淮北煤田划分为两个水文地质分区,如图2-6所示。

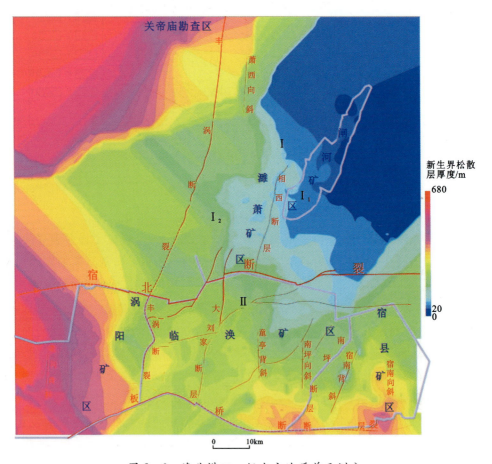

图2-6 淮北煤田一级水文地质单元划分

(一)水文地质分区

1. Ⅰ区(北区)

Ⅰ区(北区)位于宿北断裂与丰涡断裂之间,包括濉萧矿区。

新生界松散层厚度为20.30~601.40m,具有东薄西厚的趋势,东部新生界松散层厚度为20.30~118.70m,可划分为上部全新统松散层孔隙含水层(组),下部更新统松散层隔水层(段)。上部全新统松散层孔隙含水层(组),$q=0.0043~1.379$L/(s·m),$k=0.03~12.8$m/d,富水性弱—强,为矿区主要含水层之一。西部新生界松散层厚度较大,砀山最大厚度达601.40m,含水层、隔水层的划分与Ⅱ区(南区)基本相似。

二叠系煤系划分有2个含水层(段)和3个隔水层(段),即3煤上隔水层(段)、3~5煤层砂岩裂隙含水层(段)、5煤下隔水层(段)、6煤顶底板砂岩裂隙含水层(段)、6煤下——太原组一灰顶隔水层(段)。主采煤层顶底板砂岩裂隙含水层(段)是矿井充水的直接充水含水层,具有补给量不足,以静储量为主的特征。据钻孔抽水试验$q=0.00194~0.7563$L/(s·m),$k=0.00171~12.89$m/d,富水性弱—中等,生产矿井涌水量为20.0~878.70m³/h,具有衰减疏干特征。

东部石灰岩埋藏较浅,寒武系、奥陶系石灰岩在山区裸露,岩溶裂隙发育,接受大气降水补给,补给水源充沛,径流条件好,富水性较强,构成淮北岩溶水系统的主要补给区。西部石灰岩被新生界松散层覆盖,埋藏较深,补给、径流条件相对东部较差。石灰岩岩溶裂隙水是矿井充水的主要补给水源,也是矿井安全生产的重要隐患之一。

2. Ⅱ区(南区)

Ⅱ区(南区)包括宿县矿区、临涣矿区和涡阳矿区。

新生界松散层覆盖于二叠系煤系之上,厚度为80.45~866.70m,一般为350m左右。新生界松散层划分3个隔水层(组)和4个含水层(组)。3个隔水层厚度大,分布稳定,隔水性好,是区内重要的隔水层(组)。4个含水层厚度为0~59.10m,$q=0.00024~0.404$L/(s·m),$k=0.0011~5.8$m/d。在朱仙庄矿东北部,祁南矿西北部,许疃矿、徐广楼井田有古近系下部砾岩含水层。砾岩厚度为0~111.40m,一般为20~50m,$q=0.568~3.406$L/(s·m),$k=0.23~29.53$m/d,富水性弱—强。4个含水层为水平补给、径流条件差,开采条件下通过基岩浅部裂隙带和采空冒裂带渗入矿井排泄。

4个含水层直接覆盖在二叠系煤系之上,是矿井充水的主要补给水源之一。

二叠系煤系可划分为3个含水层(段)和4个隔水层(段),即3煤上隔水层(段)、3~4煤层间砂岩裂隙含水层(段)、4~6煤层间隔水层(段)、7~8煤层上下砂岩裂隙含水层(段)、8煤下铝质泥岩隔水层(段)、10煤层上下砂岩裂隙含水层(段)、10煤层——太原组一灰顶隔水层(段)。主采煤层顶板砂岩裂隙含水层是矿井充水的直接水源。

地下水储存和运移在以构造裂隙为主的裂隙网络之中,处于封闭—半封闭的水文地质环境,地下水补给微弱,层间径流缓慢,基本上处于停滞状态,显示出补给量不足、以静储量为主的特征。开采条件下以突水、淋水和涌水的形式向矿井排泄。据抽水试验资料 $q=0.0022\sim0.87\text{L}/(\text{s}\cdot\text{m})$,$k=0.0066\sim2.65\text{m}/\text{d}$,富水性弱—中等。矿井涌水量为 $80\sim625\text{m}^3/\text{h}$。井下出现的出水点大多为滴水、淋水,个别出水点涌水量较大。一般是开始水量较大,短期内水量很快下降,后逐渐减少甚至疏干。

石炭系划分太原组石灰岩岩溶裂隙含水层(段)和本溪组铝质泥岩隔水层(段)。另外,还有奥陶系石灰岩岩溶裂隙含水层(段)。

太灰和奥灰均隐伏于新生界松散层之下,灰岩埋藏较深,径流和补给条件较差,富水性弱—强,差异较大。

太灰与10煤层之间有 $50\sim60\text{m}$ 的隔水层,正常情况下太灰水对10煤层开采没有影响。但因受断层影响使其间距变小或"对口"时,易发生灰岩突水灾害,故太灰水和奥灰水是矿井安全生产的重要隐患。

综上所述,淮北煤田是新生界松散层所覆盖的全隐伏煤田,是以顶底板直接进水、裂隙水为主要充水水源的矿床,局部地区亦有底板进水岩溶水充水矿床。水文地质条件简单或中等,局部地区太灰、奥灰以及新生界松散层含水层可能会大量突水,防治水工程量比较大,矿井水文地质条件为复杂类型。

下组煤距太原组岩溶承压含水层—灰顶之间距离为 $43.76\sim70\text{m}$,是淮北矿区开采下组煤6(10)煤时的主要威胁含水层。正常情况下奥灰距下组煤距离较远,约200m,奥灰不会对下组煤的开采造成直接威胁。但是若存在断裂构造或岩溶陷落柱时,可能会造成奥灰与太灰具有较好的水力联系,成为突水的间接水源;或由于受采动影响,造成断裂及陷落柱的活化,使奥灰水沿上述集中通道直接进入矿井,成为下组煤开采底板突水的直接充水水源。

(二)太原组灰岩含水层富水性评价

由于淮北矿区下组煤在开采过程中,底板直接威胁水源为太灰承压水,因此对矿区内太灰水富水性特征进行分析与评价。根据对淮北矿区各亚区所收集到的资料分析,得出矿区太原组总厚度在 $126.33\sim192.81\text{m}$ 间,为浅海、滨浅海、潮坪及海陆交替相含煤碎屑沉积,岩性由海陆交互相的石灰岩、泥岩、粉砂岩及薄煤层组成,以石灰岩为主,其中区内太原组灰岩发育,揭露灰岩 $11\sim14$ 层。灰岩总厚度为 $40\sim64.4\text{m}$,占地层总厚的 $35\%\sim50\%$。根据前述水文地质单元的划分,对不同分区太原组灰岩含水层水文地质参数进行了统计,统计结果见表2-1。

从表中可以看出,淮北矿区太灰富水性整体为弱—中等—强,具有明显的不均一性,不同水文地质亚单元太原组灰岩含水层富水性也存在较大差异性。淮北矿区北部的濉萧矿区及南部的宿县矿区局部富水性较强,而涡阳、临涣矿区太灰富水性整体较弱,仅局部为中等富水性。

表 2-1 淮北矿区太灰含水层水文地质参数表

矿区名称	地层厚度/m	灰岩累厚/m	单位涌水量 q /[L/(s·m)]	渗透系数 k /(m·d^{-1})	富水性
濉萧矿区	125~180	53.87~64.4	0.008 5~2.76	0.02~97.16	弱—强
涡阳矿区	127~139.77	35~40	0.000 1~0.11	0.000 04~0.46	弱—中等
临涣矿区	126.33~133.18	53.97~59.55	0.000 03~0.31	0.000 06~1.49	弱—中等
宿县矿区	133~192.81	62~83	0.000 1~2.52	0.001~12.11	弱—强

(三)深部开采下组煤隔水层底板承受水压及开采突水危险性研究

根据淮北矿区具体地质条件、现有开采技术水平、矿井装备水平等特征将开采水平-800~-600m定义为深部开采。通过对各矿区生产矿井太灰含水层水位的统计,对淮北矿区不同采深条件下下组煤隔水层底板所承受的水压及太灰水突水危险性进行了计算。不同矿区或同一矿区不同矿井,由于生产期间对太灰水疏放情况不同,造成太灰水水位存在较大差异。因此,对各矿井进行了分别统计与计算,结果如表2-2和表2-3所示。

表 2-2 涡阳矿区下组煤开采隔水层承受水压成果表

开采水平/m	隔水层厚度/m	太灰水位标高/m	水压/MPa	突水系数 T_s /(MPa·m^{-1})
-400	43.76	11.57	4.46	0.10
-600	43.76	11.57	6.42	0.15
-800	43.76	11.57	8.93	0.20

表 2-3 临涣矿区各矿下组煤开采太灰突水系数成果表

矿名	开采水平/m	隔水层厚度/m	太灰水位标高/m	水压/MPa	突水系数 T_s /(MPa·m^{-1})
五沟煤矿	-400	47.20	11.29	4.49	0.09
五沟煤矿	-600	47.20	11.29	6.45	0.14
五沟煤矿	-800	47.20	11.29	8.41	0.18
界沟煤矿	-400	48.80	-116.45	3.26	0.06
界沟煤矿	-600	48.80	-116.45	5.22	0.11
界沟煤矿	-800	48.80	-116.45	7.18	0.15

续表 2-3

矿名	开采水平/m	隔水层厚度/m	太灰水位标高/m	水压/MPa	突水系数 T_s/(MPa·m^{-1})
童亭煤矿	−400	56.15	−145.17	3.05	0.05
	−600	56.15	−145.17	5.00	0.09
	−800	56.15	−145.17	6.97	0.12
临涣煤矿	−400	55.12	−190.00	2.60	0.05
	−600	55.12	−190.00	4.56	0.08
	−800	55.12	−190.00	6.52	0.12

宿县矿区内存在 3 个相对独立的水文地质单元,即宿东向斜芦岭、朱仙庄一带,宿南向斜桃园、祁南、祁东一带,宿南背斜—南坪断层钱营孜一带。宿县矿区太灰富水性在不同单元中差异较大,由于上述 3 个单元彼此间无明显的水力联系,太灰水水位相差较大,一般在−45.00~5.00m 之间,因此进行分区统计结果如表 2-4 和表 2-5 所示。

表 2-4 宿县矿区下组煤开采太灰突水系数成果表

分区名称	开采水平/m	隔水层厚度/m	太灰水位标高/m	水压/MPa	突水系数 T_s/(MPa·m^{-1})
宿东矿区	−400	60	−45	4.03	0.07
	−600	60	−45	6.03	0.10
	−800	60	−45	7.98	0.13
宿南矿区	−400	56	−16.7	4.30	0.07
	−600	56	−16.7	6.27	0.11
	−800	56	−16.7	8.23	0.15
宿南背斜—南坪向斜	−400	53.26	5.00	4.49	0.08
	−600	53.26	5.00	6.45	0.12
	−800	53.26	5.00	8.41	0.16

表 2-5 濉萧矿区各矿下组煤开采太灰突水系数成果表

矿名	开采水平/m	隔水层厚度/m	太灰水位标高/m	水压/MPa	突水系数 T_s/(MPa·m^{-1})
恒源煤矿	−400	53.7	−249.2	2	0.04
	−600	53.7	−249.2	3.96	0.07
	−800	53.7	−249.2	5.92	0.11

续表 2-5

矿名	开采水平 /m	隔水层厚度 /m	太灰水位标高 /m	水压 /MPa	突水系数 T_s /(MPa·m^{-1})
卧龙湖煤矿	-400	49.93	-11	4.3	0.08
	-600	49.93	-11	6.26	0.12
	-800	49.93	-11	8.22	0.16
百善煤矿	-400	55	-13.89	4.32	0.08
	-600	55	-13.89	6.28	0.11
	-800	55	-13.89	8.24	0.15
朱庄煤矿	-400	53.3	-14	4.3	0.08
	-600	53.3	-14	6.26	0.12
	-800	53.3	-14	8.22	0.15
杨庄煤矿	-400	52.3	2	4.45	0.08
	-600	52.3	2	6.41	0.12
	-800	52.3	2	8.37	0.16
石台煤矿	-400	59	-4.08	4.46	0.07
	-600	59	-4.08	6.42	0.11
	-800	59	-4.08	8.38	0.14
朔里煤矿	-400	56	8.06	4.55	0.08
	-600	56	8.06	6.51	0.12
	-800	56	8.06	8.47	0.15

从上述统计表中可以看出,淮北矿区在浅部开采条件下(-400m 以上),除井下进行过大规模太灰疏放水工程的矿井(如恒源煤矿、临涣煤矿)外,下组煤底板隔水层承受太灰水压在 4.03~4.55MPa 之间,平均为 4.3MPa,相应的突水系数在 0.05~0.10MPa/m 之间,根据煤矿防治水规定,正常情况下太灰突水危险性小。随着采深的增加,进入深部开采后(-800~-600m),底板太灰水压及相应的突水系数均明显增大,采深-600m 水平条件下,太灰水压在 3.96~6.51MPa 之间,平均为 5.2MPa,突水系数在 0.11~0.12MPa/m 之间;采深-800m 水平条件下,太灰水压在 5.92~8.47MPa 之间,平均为 7.2MPa,突水系数在 0.15~0.16MPa/m 之间。因此,淮北矿区各矿井进入深部开采之后,下组煤底板太灰水压较浅部明显增高,在 5~7MPa 之间,太灰突水系数大于 0.1MPa/m,深部下组煤开采具有底板突水危险性。为此,开展底板突水机理研究,能够为下组煤安全开采及防治水患措施提供理论基础。

第二节 下组煤底板岩层沉积组合特征

一、矿区底板类型划分

根据淮北矿区下组煤底板岩块单轴抗压强度,可以把底板岩层大体分为 3 类,即硬质岩、中硬岩和软质岩。由于不同区域各层组岩性结构有所差异,为了能够定性反映构成底板岩体的岩性组合结构,吴基文等(2007)曾对淮北矿区下组煤底板岩性构造成进行了系统研究,提出利用参数 K 反映下组煤底板岩性构成,具体公式如下。

$$K = \frac{h}{H} \times 100\% \qquad (2-1)$$

式中,h 为底板软质岩厚度(m);H 为底板总厚(m)。根据 K 值的大小将下组煤底板分为硬质底板、中硬底板和软质底板 3 种类型,并将其所对应的岩性进行了分类,结果如表 2-6 所示。

表 2-6 煤层底板类型划分标准

底板类型	K 值/%	主要岩性组成
硬质底板	<35	中砂岩、细砂岩、粉砂岩
中硬底板	35~65	粉砂岩、泥质砂岩
软质底板	≥65	泥岩、砂质泥岩、煤层

当 K 值大于或等于 65% 时,反映在底板岩体中软质岩石和中硬岩石占主要部分,说明硬质岩石厚度增大或层数增多,在构造应力作用下或在采动影响下底板岩体的力学性质主要由这些硬质岩所决定。

当 K 值大于或等于 35%,但小于 65% 时,反映在底板岩体中硬质岩石、中硬岩石和软质岩石各部分大致相当,在构造应力作用下或在采动影响下底板岩体的力学性质主要取决于这些岩石类型的组合。

当 K 值小于 35% 时,反映在底板岩体中硬质岩石占主要部分,说明软质岩石和中硬岩石厚度增大或层数增多,在构造应力作用下或在采动影响下底板岩体的力学性质主要由这些软质岩石决定。

二、下组煤底板岩层沉积组合特征研究

根据对淮北矿区内钻探资料的统计分析,得出淮北矿区下组煤煤层底板岩性以三角洲

相碎屑沉积岩为主,全区内分布稳定,厚度在40～70m之间,以恒源煤矿为例,从上到下大致可分为3段:上段为砂泥互层段,岩性以砂质泥岩、粉砂质泥岩、粉砂岩及泥岩为主;中段位为砂岩段,主要由细砂岩、中砂岩组成,局部夹粉砂岩条带;下段为泥岩段,主要由黑色致密海相泥岩、砂质泥岩组成,岩性柱状图如图2-7所示。

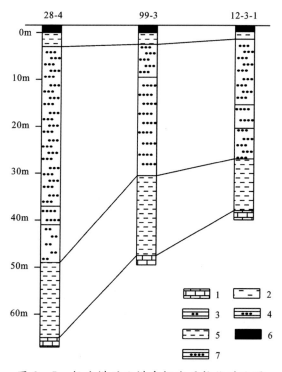

图2-7 杨庄煤矿6煤底板岩层柱状对比图
1.灰岩;2.砂质泥岩;3.中砂岩;4.细砂岩;5.泥岩;6.煤层;7.粉砂岩

从沉积特征看,自下而上组成一个明显向上变粗的层序,层理由下至上为水平纹理、波状水平互层-交错层理,具有三角洲体系的沉积特征,属下三角洲平原相,下部泥岩为前三角洲沉积;向上砂泥互层为远砂坝沉积,而再上的砂岩段属河口坝沉积。

淮北矿区下组煤底板沉积特征在不同位置岩层具体组合特征上存在一定的差异,根据对钻探资料的统计分析,下组煤底板岩层主要沉积组合特征有以下几种情况:底板岩层组合特征为软-硬-软型沉积,沉积结构如图2-7所示;底板岩层组合特征为硬-软型,主要表现为砂泥互层段不发育,底板由细砂、中砂、粉砂岩等硬质岩与下部海相泥岩组合而成,如图2-8所示;底板岩层组合特征为软硬相间型沉积,其直接底板为泥岩,直接底板下方为中砂、细砂、粉砂等硬质岩与泥岩互层发育,底部由海相泥岩共同组合而成,沉积结构如图2-9所示。

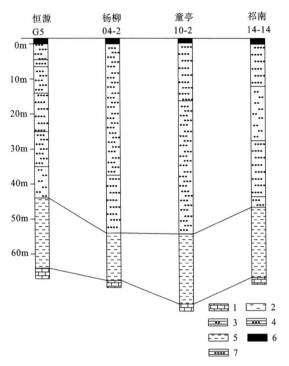

图 2-8　硬-软型底板沉积结构柱状图
1.灰岩;2.砂质泥岩;3.中砂岩;4.细砂岩;5.泥岩;6.煤层;7.粉砂岩

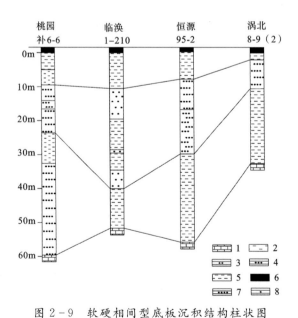

图 2-9　软硬相间型底板沉积结构柱状图
1.灰岩;2.砂质泥岩;3.中砂岩;4.细砂岩;5.泥岩;6.煤层;7.粉砂岩;8.粗砂岩

第三节 下组煤开采底板突水案例分析

一、下组煤开采底板突水典型案例

1. 朱庄矿Ⅲ622综采面突水

朱庄矿隶属淮北矿业集团，矿井主要开采山西组6煤，井田内以宽缓褶皱构造为主，大断裂较少。下组煤6煤距太原组群灰岩距离为45~60m，且太灰富水性较强，水压较大，在3MPa以上，与奥灰间有密切水力联系。

Ⅲ622工作面推进至切眼185m左右时，工作面机巷开始出水，水量在5m³/h左右，工作面继续回采，次日涌水量增加至30m³/h，范围有所扩大，伴随顶板周期来压，机巷底板发生明显底鼓同时伴随涌水量突增，最大涌水量达1400m³/h。由于突水量大，最终导致工作面局部被淹（王永龙，2006）。

2. 刘桥一矿Ⅱ62采区突水

刘桥一矿隶属皖北煤电集团有限责任公司，地层属于华北地层，下组6煤开采主要受底板太原组灰岩承压水及奥灰岩溶水威胁，矿井以土楼断层为界，与恒源煤矿相邻。6煤隔水层底板平均厚度在55m左右，上部为硬质砂岩，下部为沉积稳定的海相泥岩，该采区Ⅱ623、Ⅱ626两个工作面回采过程均发生底板突水。Ⅱ623工作面在顶板初次来压时发生底板突水，稳定水量在200 m³/h左右；Ⅱ626工作面是在周期来压时底板突水，最大出水量为220m³/h（刘其声等，2002）。

3. 杨庄煤矿Ⅱ61采区突水

Ⅱ61采区位于矿井中部，采区内无大的断裂分布，发育一些北西向小型正断层，仅有一北西40°方向的宽缓背斜，构造条件较为简单。突水工作面主要为Ⅱ611、Ⅱ613及Ⅱ617三个工作面，工作面布置如图2-10所示，主要位于背斜西翼转折端周围。

1988年10月2日，Ⅱ617工作面推进约40m，机巷开始出水，水量在60m³/h左右，随机工作面停产。1988年10月15日工作面恢复生产，当工作面再次向前推进约60m时，工作面底板涌水量突增，最大水量在3000m³/h左右，最终由于水量超过矿井排水能力导致二水平整体被淹（张朱亚，2009）。

4. 任楼煤矿7_222工作面突水

任楼煤矿位于临涣矿区南部，7_222工作面于1996年3月在回采过程中发生突水事故。

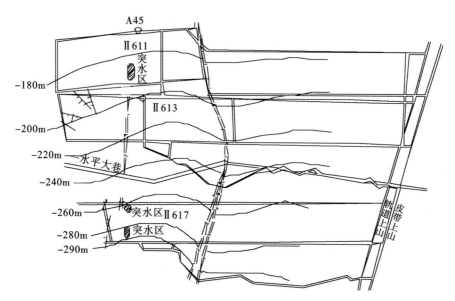

图 2-10 杨庄煤矿Ⅱ61采区突水点位置示意图

工作面推进至120m,遇到一小型正断层,涌水量达到3m³/h,继续推进至220m,涌水量增大到50m³/h。为安全重新布置了工作面切眼,1996年3月4日下午,新开切眼侧帮出现大量涌水,涌水量由初期50m³/h迅速增大至近20 000m³/h,当日晚21时,水量超过100 000m³/h,突水量远超矿井排水能力,最终工作面被淹,井筒水位稳定在+15.59m左右。

5. 桃园煤矿1035工作面突水

桃园煤矿位于宿县矿区宿南向斜西翼,1035工作面位于桃园煤矿南三采区南翼,工作面开采山西组10煤,其上覆的下石盒子组7_1煤层$7_1$31工作面已开采完毕。2013年2月2日17时30分,工作面机巷准备到位向上施工切眼28m时,迎头后方约12m处底板发生底鼓渗水,至18时,水量稳定在60m³/h,至19时水量增加到150~200m³/h,之后水量一直稳定到次日零点。2013年2月3日零点20分,突水点水量突增,最大出水量在30 000m³/h以上,3日1时,一水平泵房电机被淹,无法排水,1时53分二水平泵房被淹,最终整个矿井被淹。

二、底板突水的岩体结构类型

太原组灰岩含水层岩溶水是淮北矿区开采下组煤6(10)煤底板突水的直接充水水源,但其充水量大小在一定程度上取决于太灰含水层与奥灰间的水力联系,而高水压及突水通道则是底板突水的必要条件。突水通道主要有三大类:底板岩层采动裂隙扩展连通形成的面状通道、断裂构造和岩溶陷落柱等集中通道、封闭不良钻孔构成的点状通道,其中前两者是大多数煤矿开采底板的主要突水通道。

上述5例淮北矿区下组煤开采典型底板突水案例,反映了不同的突水通道及突水机理,对研究淮北矿区底板突水的岩体结构控制机理具有重要意义,现对以上进行分类描述。

1. 底板采动裂隙贯通原始裂隙突水

朱庄矿Ⅲ622工作面内无断裂构造,仅在其机巷外围20m有一落差8m左右的小型正断裂,机巷与断层走向基本一致,具体见图2-11,受断层牵引作用,断层附近煤层呈一宽缓小型向斜构造,再起核部地应力集中,经钻探揭露煤层底板下方近断层带存在与断裂构造产状基本一致的羽状裂隙带,宽度为15～20m,裂隙带内部岩体结构破碎,该裂隙带发展至太原组,其中太原组上部的一至二灰岩体结构破碎,局部形成空洞。

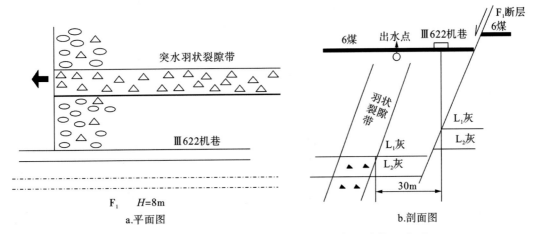

图2-11 朱庄矿Ⅲ622工作面突水位置底板结构示意图

工作面突水位置底板岩层以中硬质细砂岩、粉砂岩为主,太灰岩溶承压水水压约3MPa。在煤层开采前底板岩体由于受断裂构造的牵引作用导致底板岩体结构较为破碎,裂隙发育,后期经工作面采动影响,底板采动破坏带与原有的裂隙带连通,加之底部高承压水的作用,在其冲刷之下很容易形成通水通道。因此,朱庄矿Ⅲ622工作面底板突水主要是由于底板采动裂隙与原有裂隙相沟通导致的。

2. 底板采动导致构造裂隙活化突水

刘桥一矿Ⅱ623工作面位于向斜轴部,经钻探揭露,工作面底板裂隙发育,为核部应力集中所致。煤层底板下10m左右,底板涌水量20m³/h,底板下方15～70m范围内钻孔揭露均有不同程度的出水,且水量均在40m³/h以上,说明在工作面回采前煤层底板原生裂隙极为发育,底板岩体结构破碎,极有可能已与下伏太原组岩溶含水层所连通。

杨庄煤矿Ⅱ617采区煤层底板突水位置隔水层底板岩体结构与刘桥一矿Ⅱ62采区极为相似,如图2-12和图2-13所示。Ⅱ61采区位于背斜轴部的变薄带,是井田下组煤底板隔水层最薄的地段,突水区底隔厚度仅34m,而正常区段底隔厚度一般在60m左右,二者相差近26m左右;Ⅱ617工作面外侧为ⅡF$_{29}$断层,落差小于5m,二者走向基本一致。由于断裂构造的牵引作用,形成以小背斜,轴部裂隙发育,在工作面回采过程中由于底板高承压水及采动应力的共同作用,底板采动破裂带与原始裂隙沟通,形成大的突水通道。因此,杨庄及刘桥一矿发生的底板突水事故均是由于采动作用导致原始底板裂隙活化,采动破坏带与原始裂隙导通、扩张,最后形成突水通道,造成底部太灰承压水突出。

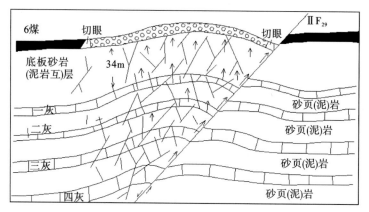

图2-12 杨庄煤矿Ⅱ617采动工作面突水点底板岩体结构示意图

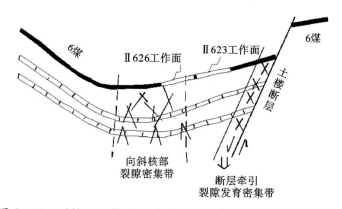

图2-13 刘桥一矿Ⅱ62工作面突水位置底板岩体结构示意图

3.揭露导水陷落柱突水

任楼煤矿7$_2$22工作面突水是由开采揭露导水陷落柱所致。该陷落柱平面上呈椭圆形,长轴为北北西向,长30m左右,短轴北东东向,宽约25m,陷落柱内岩体结构破碎。陷落柱在剖面上基本为直立状,其顶部与新生界第四含水层相通,高度在300m左右。该陷落柱导通了4个含水层、煤系砂岩及下伏灰岩等富水性较强的几个含水层,各含水层之间水力联系密切,如图2-14所示。

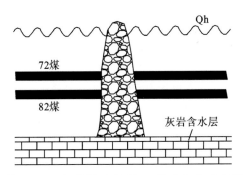

图 2-14　任楼煤矿 7_222 工作面突水示意图

4. 底板采动诱发隐伏陷落柱突水

桃园煤矿 1035 工作面突水后,矿井奥灰水水位下降 40~60m,水化学分析显示突水水质与奥灰水特征大体相符,且突水量巨大,基本确定本次突水水源为奥陶系灰岩含水层的岩溶水。根据突水情况、突水点附近构造发育特征以及突水点与奥灰含水层的相对位置分析,本次突水的通道为发育在 10 煤以下的一个隐伏导水陷落柱。工作面突水是由于受采动影响,加上底板破裂带与下部隐伏陷落柱导通所致。该陷落柱平面上呈椭圆形,长轴方向为南北向,长约 70m,短轴为东西向,长约 30m,面积约 2100m^2;剖面上呈直立状,陷落柱发育较高,始于 10 煤层底板以下约 20m 处,且与奥灰含水层存在明显的水力联系,如图 2-15 所示。

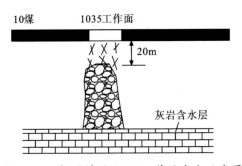

图 2-15　桃园煤矿 1035 工作面突水示意图

第四节　下组煤底板岩体结构类型划分

根据前文淮北矿区下组煤底板沉积特征、矿区构造特征及底板水害与底板结构的关系,对矿区下组煤底板结构进行了概化、分类,建立了完整层状结构底板与非完整结构底板两大类模型,其中每一类模型中又细分为3个亚类。

1.完整层状结构底板

根据对淮北矿区揭露下组煤底板钻孔资料的统计分析,基于底板岩层组合特征,将完整层状结构底板划分为3个亚类,分别为软-硬-软型底板、硬-软型底板及软硬相间型底板,完整层状结构底板如图2-16所示。

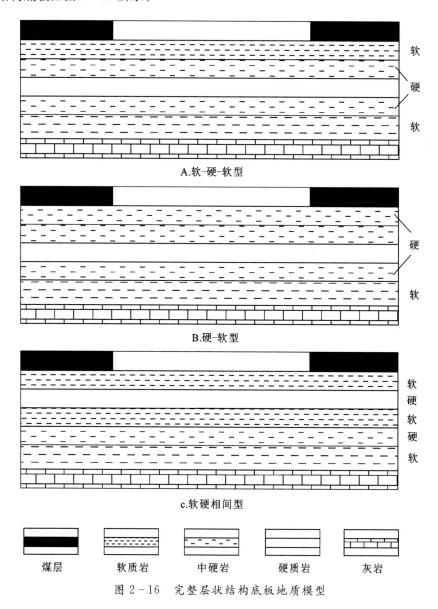

图2-16 完整层状结构底板地质模型

2. 非完整层状结构底板

淮北矿区地质构造普遍较为发育,破坏了地层原有的完整性。矿井生产中常见的构造主要包括裂隙、断层及陷落柱等,通过前述矿区下组煤底板水害问题与底板岩体结构的相互关系,对容易造成底板水害事故的底板结构类型进行了归纳划分,从而将非完整层状结构底板概化为3个亚类模型,分别为底板中含裂隙模型、含切穿煤层断层模型及底板含隐伏陷落柱模型,非完整层状结构底板如图2-17所示。

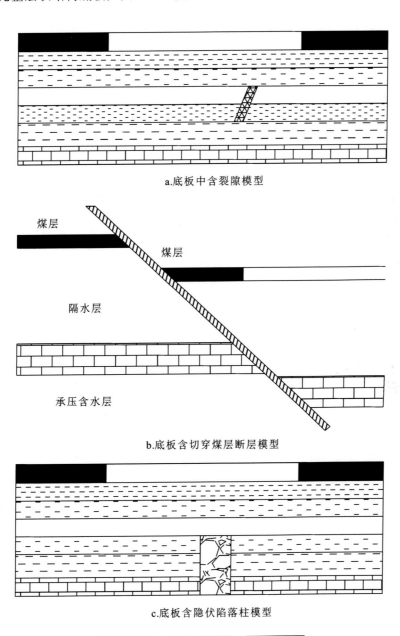

图2-17 非完整层状结构底板地质模型图

第五节 本章小结

(1)淮北煤田属于华北煤田的一部分,水文地质具有相似性。通过对淮北矿区含煤地层及水文地质条件分析,得出矿区下组煤6(10)煤在开采过程中底板突水的直接威胁水源为太灰含水层,当受构造影响时,奥灰也可成为其补给水源。

(2)通过对矿区内太灰含水层富水性分析得出,矿区太灰上部1～4层富水性为弱—强,具有不均一性,当矿井进入深部开采后,−600m水平以深下组煤底板所承受承压水水压普遍增大,超过了下组煤回采的安全水头,具有底板突水的危险性。

(3)通过对淮北矿区下组煤底板岩体岩性特征的研究,得出底板性质大体可分为3类,即硬质底板、中硬底板及软质底板;而在矿区不同位置,由于沉积差异导致底板岩层组合特征有一定不同,基本可分为3类组合:软-硬-软型、硬-软型及软硬相间型。

(4)通过对淮北矿区构造背景的研究表明,淮北矿区煤系地层经历了多期次、不同方向的构造运动,导致矿区构造整体较为发育,下组煤底板受构造的影响,底板完整性受到不同程度的破坏,底板中褶曲、裂隙等构造发育。通过对淮北矿区下组煤生产中发生的底板突水案例分析,得出采动破坏与底板中原生构造裂隙带导通,是底板突水的主要原因,为此底板岩体结构特征对底板突水有着重要的控制作用。

(5)通过对淮北矿区下组煤底板岩体结构特征研究,将淮北矿区底板岩体结构概化为完整层状结构与非完整层状结构两大类,其中完整结构根据岩层组合特征又分为软-硬-软型、硬-软型及软硬相间型3个亚类;非完整结构分为底板裂隙、切穿煤层断层及底板隐伏陷落柱3个亚类。它们为建立数值模型提供依据。

第三章 深部完整层状结构底板流固耦合采动效应研究

深部煤层开采所面临的主要技术问题是高地应力及底板高承压岩溶水压的威胁。在工作面开采扰动情况下,工作面四周围岩应力进行重新调整,形成采动应力,深部煤层底板采动效应即是由地应力场、采动应力场及地下水渗流场等多场共同耦合作用下的一种应力-应变反应。

基于深部煤层底板采动效应的复杂性,单纯采用弹塑性力学、材料力学等理论分析难以对多场耦合条件下底板采动效应进行准确解析与计算。近年来,随着计算机产业的飞速发展,数值模拟方法显示其独有的优势,主要体现在数值模拟建模、变换物理场等方面具有便捷性,可根据需要建立各种物理场条件下不同的采掘模型。另外,数值模拟所需的人力、财力比现场实测明显消耗要小。

因此,本章根据淮北矿区下组煤 6(10)煤底板岩体结构特点及底板承压水条件,借助 FLAC3D 软件,对不同底板结构、不同采深及承压水水压条件下,煤层底板采动效应进行数值模拟研究。本章主要从煤层开采之后,底板中塑性破坏特征、应力分布特征、位移特征及地下水渗流场分布特征等方面进行系统研究,并揭示深部煤层开采底板突水的流固耦合机理。

第一节 数值模拟软件简介

FLAC3D 数值模拟软件即三维连续介质快速拉格朗日法(Fast Lagrange Analysis of Continua),原理基于数学中的拉格朗日元法,由美国 ITASCA 公司开发,在计算时将计算区域划分为六面体单元。软件能够模拟材料在其强度极限下发生的破坏或塑性流动的非线性力学行为。软件内部包含了多种材料本构模型以及各种计算模块。此外,软件采用显式算法进行计算,可以较好地跟踪材料的渐进破坏,同时可方便地求出应力增量,与实际物理过程相似,对系统的演化过程可以较好地跟踪。

由于显式算法在计算过程中不形成刚度矩阵,计算时所需计算机内存小,特别便于在计算机上进行操作,而且在对大变形问题求解过程中,可采用小变形本构模型,这就避免了大变形问题中选取本构模型的缺点,由于每一步变形小,所以求解过程与小变形问题相似。此外,FLAC3D 数值模拟软件中包含了强大的流固耦合模块,对应力场与流体渗流场的耦合能够得到较好的解决。软件针对不同材料的渗流特点,为用户提供了 3 种不同渗流模型:各向同性、各向异性及不透水模型;同时软件还提供了丰富的流体边界条件,包括流体压力、流入量、渗漏量、不透水边界等。

除此之外,最重要的是FLAC3D软件中内嵌了强大的程序语言FISH语言,用户可以根据自己的需要或者实际情况,通过编写程序来对FLAC3D进行二次开发,充分扩展软件自身的功能,同时也体现了软件强大的开放功能,可以让用户根据自己面对的实际问题找到合适的FISH解决方案。

基于FLAC3D软件强大的功能,可以便捷地完成各种物理场条件下的复杂问题,在岩土领域中取得了广泛的应用,因此,本书选用FLAC3D数值模拟软件进行数值模拟。

一、流固耦合理论分析

在涉及底板承压水条件下的底板采动效应流固耦合机理研究中,应该注重地下水渗流场的影响,目前多数以静水压力、底板等效面力等方式替代水荷载的做法是不恰当的。承压水对底板的施加荷载的方式主要是自下而上的扬压力方式,即在一切透水或弱透水的介质中地下水水荷载以拖浮力及渗透应力的共同作用方式对底板施加荷载,而渗透应力与渗流介质中渗流场的形态特征具有密切的联系,不同的渗流场对应了不同的水荷载分布场。地下水渗流场的存在影响底板岩体的应力场,同时受采动影响后底板采动应力场的变化同样影响地下水渗流场的分布,即在承压水条件下底板采动效应流固耦合机理的核心思想。

地下水渗流场分布形态主要取决于含水层水压大小及底板介质的渗透性大小,采动影响下,岩体体应变的变化会造成渗流介质渗透性的变化进而改变底板岩体中渗流场的分布形态,这即是采动应力场对地下水渗流场的作用过程。

地下水渗流场对岩体地应力场的影响主要是通过渗透力改变底板岩体内部的体应力来实现的,假设某时刻底板范围内任一部位的承压水水头为 $H(x,y,z,t)$,则对应于该水头的渗透压力 P 及渗透体积力 f 分别为:

$$P = \gamma(H-z)$$

$$\begin{Bmatrix} f_x \\ f_y \\ f_z \end{Bmatrix} = \begin{Bmatrix} \dfrac{\partial p}{\partial x} \\ \dfrac{\partial p}{\partial y} \\ \dfrac{\partial p}{\partial z} \end{Bmatrix} = \begin{Bmatrix} \gamma \dfrac{\partial H}{\partial x} \\ \gamma \dfrac{\partial H}{\partial y} \\ \gamma \left(\dfrac{\partial H}{\partial z} - 1\right) \end{Bmatrix} \quad (3-1)$$

式中, f_x, f_y, f_z 分别为渗透体积力在 x, y, z 方向上的分量。

若采用有限差分原理进行计算,地下水流体渗透体积力转化为节点的外荷载。

二、岩体应力-渗流耦合有限差分计算原理

涉及地下水流体的底板应力场分析即所谓流固耦合分析,是指将多孔介质中的地下水

流体压力与地应力构建在统一的本构模型当中,与应力场进行平行计算。FLAC3D 模拟岩体流固耦合机理时,将岩体看作多孔介质,地下水在多孔介质中的流动服从达西定律,同时满足 Biot 方程。在有限差分计算模式下流固耦合计算原理中所涉及到的关键方程如下。

1. 流体的质量平衡方程

对于小变形问题,流体的平衡方程为:

$$q_{i,j} + q_v = \frac{\partial \zeta}{\partial t} \tag{3-2}$$

式中:$q_{i,j}$ 为地下水流体的运移速度(m/s);q_v 为地下水流源头流动强度(L/s);ζ 为流量变化或因流体扩散造成的单位孔隙介质中流体体积变化量。地下水渗流本构方程为:

$$\frac{\partial \zeta}{\partial t} = \frac{1}{M}\frac{\partial p}{\partial t} + \alpha \frac{\partial \varepsilon}{\partial t} - \beta \frac{\partial T}{\partial t} \tag{3-3}$$

在有限差分计算模式下,流体渗流量的变化与孔隙压力 p、岩体体应变 ε 及温度 T 有关。式中,M 为 Biot 模量(N/m²);α 为 Biot 系数,表示孔隙压力改变时,单元中流体体积变化量占该单元本身的体积变化量之比;β 为排水状态下考虑流体和固体颗粒的热膨胀系数(1/℃)。

式(3-2)、式(3-3)方程联立可得:

$$-q_{i,j} + q_v^* = \frac{1}{M}\frac{\partial p}{\partial t} \tag{3-4}$$

式中

$$q_v^* = q_v - \alpha \frac{\partial \varepsilon}{\partial t} + \beta \frac{\partial T}{\partial t} \tag{3-5}$$

2. 流体在多孔介质中的运动方程

地下水在多孔介质中的流动符合达西定律,对均质、各向同性的固体与恒流液体,达西定律可表示为:

$$q_i = -k[p - \rho_f x_j g_i] \tag{3-6}$$

式中,k 为多孔介质的渗透系数(m²/Pa·s),FLAC3D 中的渗透系数与一般土力学中渗透系数概念不同,FLAC3D 中渗透系数的单位是国际单位 K(m²/Pa·s),与土力学中渗透系数 k(cm/s)之间换算关系为:K(m²/Pa·s)=k(cm/s)×1.02×10^{-6};ρ_f 为流体密度(kg/m³);g_i(i=1,2,3)为重力矢量3个分量(m/s²)。

3. 流固耦合模式下模型本构方程

如前所述,流固耦合的机理为采动后由于体应力的改变使岩体体应变发生变化,从而造成孔隙压力及固体介质渗透性的变化;反之,孔隙压力变化之后同样会造成体应变的变化。因此,孔隙介质流固耦合本构方程的增量形式可表示为:

$$\Delta \sigma_{ij} + \alpha \Delta p \delta_{ij} = H^*(\sigma_{ij}, \Delta \varepsilon_{ij} - \Delta \varepsilon_{ij}^T) \tag{3-7}$$

式中,$\Delta\sigma_{ij}$ 为应力增量;H^* 为给定函数;ε_{ij} 为总应变;$\Delta\varepsilon_{ij}^T$ 为热应变;δ_{ij} 为 Kronecker 记号;α 为压力系数;Δp 为孔隙压力改变量。

4. 流固耦合问题的平衡方程

$$\frac{E}{2(1+\nu)}u_{i,ij} + \frac{E}{2(1+\nu)(1-2\nu)}u_{k,ki} + \alpha p_i = 0 \quad (3-8)$$

式中,u_i 为在 x_i 方向的位移;α 为压力系数,$\alpha = 1 - K_s/K_g$,其中 K_s 是孔隙介质的体积模量,K_g 是颗粒体积模量。

5. 相容方程

应变率和速度梯度之间的关系为:

$$\varepsilon_{ij} = \frac{\nu_{i,j} + \nu_{j,i}}{2} \quad (3-9)$$

式中,ν_i 为介质中某点的速度。

三、流固耦合数值解法

三维流固耦合有限差分计算中,通过特定的 q_v^*,可以将质量平衡方程和达西定律运用到四面体单元中。数值算法基于节点质量平衡方程建模,最终形成 Newton Law 的节点表达式。通过将力学模型中的速度矢量、应力张量及应变速率张量等用孔隙压力、流体矢量和压力梯度来进行代替,从而得出计算模型。

假设在单元中四面体内的孔隙压力呈线性变化,且流体密度不发生变化。根据高斯发散定量,四面体节点由 $n=1,4$ 描述,孔隙压力梯度以孔隙压力在单元体节点上的值表示,可用下式进行表示:

$$(p - \rho_f x_i g_i)_{,j} = \frac{1}{3V} \sum_{i=1}^{4} (p^l \rho_f x_i^l g_i) n_j^{(l)} s^l \quad (3-10)$$

式中,$[n^{(l)}]$ 是对应于一面的单位外法线矢量;$s^{(l)}$ 是一面的表面积,V 是四面体的体积。

为提高计算值的精度,将上式中的 x_i 用 $x_i - x_i^l$ 替代,x_i^l 是相应四面体中心的坐标。因此,上式可转化为:

$$(p - \rho_f x_i g_i)_{,j} = \frac{1}{3V} \sum_{i=1}^{4} p^{*l} n_j^{(l)} s^l \quad (3-11)$$

式中,p^{*l} 为节点分量,$p^{*l} = p^l - \rho_f(x_i - x_i^l) g_i$。

因此,质量平衡方程可以写成:

$$q_{i,j} + b^* = 0 \quad (3-12)$$

式中,$b^* = \frac{1}{M}\frac{\partial p}{\partial t} - q_v^*$ 等价于节点公式中的瞬时体力 ρb_i。对于任一四面体单元,节点的流量 $Q_e^n(m^3/s, n=1,4)$ 等价于该四面体特定的流量和体积源强度 b^*,通过比拟可得节点流

量为:

$$Q_e^n = Q_t^n - \frac{q_v^* V}{4} + m^n \frac{\mathrm{d}p^n}{\mathrm{d}t}, n = 1,4 \quad (3-13)$$

式中,$Q_t^n = \frac{q_i n_i^{(n)} s^{(n)}}{3}$,$m^n = \frac{V}{4M^n}$。

质量平衡方程的节点表达式在每个总体节点处,要求所有交会该节点的单元体等价节点流量 Q_e^n 与边界源流分配在该节点的流量 Q_w^n 之和为零,即

$$-\sum Q_e^n + \sum Q_w^n = 0 \quad (3-14)$$

将式(3-5)、式(3-13)代入式(3-14)得:

$$\frac{\mathrm{d}p^n}{\mathrm{d}t} = -\frac{1}{\sum m^n}\left[Q_T^n + \sum Q_{app}^n + \sum Q_{thm}^n\right] \quad (3-15)$$

式中,$Q_T^n = C_{nj} p^{*j}$ 是节点的孔隙压力函数,可以针对全局每个节点的上标形式表示对单元节点的贡献。其中,[C] 为全局矩阵;[p^*] 为节点水头的全局矢量。则 $\sum Q_{app}^n = -\sum \left[q_v \frac{V}{4} + Q_w\right]^n$;$\sum Q_{thm}^n = \frac{\mathrm{d}}{\mathrm{d}t}\left[\sum \left(\alpha\varepsilon\frac{V}{4}\right)^n - \sum \left(\beta T \frac{V}{4}\right)^n\right]$。

式(3-15)是在节点 n 上的节点形成的平衡方程,公式右半部分由两部分构成,$Q_T^n + \sum Q_{app}^n$ 代表了不平衡状态下,流体流量;而 $\sum Q_{thm}^n$ 代表了不平衡热力学流量。在流固耦合模式下,二者相互影响,孔压的变化影响固体介质的形变,同样介质的变形同样影响孔压,不平衡流量亦是如此。

在 FLAC3D 三维差分有限计算中,Biot 模量是节点属性的一种,由式(3-13)可以得出:

$$\frac{1}{\sum m^n} = \frac{M^n}{\sum \left(\frac{V}{4}\right)^n} \quad (3-16)$$

将式(3-15)代入式(3-16)得出:

$$\frac{\mathrm{d}}{\mathrm{d}t}[p^n - p_v^n] = -\frac{M^n}{V^n}\left[Q_T^n + \sum Q_{app}^n\right] \quad (3-17)$$

式中,$p_v^n = -\frac{M^n}{V^n}\left[\sum \left(\alpha\varepsilon\frac{V}{4}\right) - \sum \left(\beta T \frac{V}{4}\right)^n\right]$。

式(3-17)对于求解区域内每个节点都成立。因此,这些公式构成了系统的有限差分方程。在显示方程计算中,假设节点参量 $p - p_v$ 在时步 Δt 内为线性变化。式(3-17)中左侧导数可用有限差分方法来表示,从初始孔隙压力场开始,用向前差分方式,在时间增量上节点孔隙压力由式(3-18)依次进行更新:

$$p_{t+\Delta t}^n = p_t^n + \Delta p_{v(t)}^n + \Delta p_{(t)}^n \quad (3-18)$$

式中,$\Delta p_{(t)}^n = \chi^n\left[Q_{T(t)}^n + \sum Q_{app(t)}^n\right]$;$\chi^n = -\frac{M^n}{V^n}\Delta t$;$\Delta p_{v(t)}^n = -\frac{M^n}{V^n}$

$$\left[\sum\left(\alpha\Delta\varepsilon\frac{V}{4}\right) - \sum\left(\beta\Delta T\frac{V}{4}\right)^n\right]_{(t)}。$$

当计算时步达到已设的约定临界值时，就可以以显示方法表示数值稳定性。

在 FLAC3D 中，孔隙介质中流体的存在会使介质宏观体积模量增加，体积模量的变化同样影响以密度缩放比例形式表示的节点质量的数值。流体本构方程式（3-3）的增量形式可以表示为：

$$\Delta p = -\alpha M \Delta\varepsilon \tag{3-19}$$

采用弹性本构关系式的增量形式为：

$$\sigma_{ij} - \sigma_{ij}^0 + \alpha(p - p_0)\delta_{ij} = 2G(\varepsilon_{ij} - \varepsilon_{ij}^T) + \frac{K - 2G}{3}(\varepsilon_{kk} - \varepsilon_{kk}^T)\delta_{ij} \tag{3-20}$$

采用弹性定律增量形式描述一个时步内的应力应变本构方程如下：

$$\frac{1}{3}\Delta\sigma_{ij} + \alpha\Delta p = K\Delta\varepsilon \tag{3-21}$$

将式（3-19）代入式（3-21），得：

$$\frac{1}{3}\Delta\sigma_{ij} = (K + \alpha^2 M)\Delta\varepsilon \tag{3-22}$$

在 FLAC3D 计算过程中，首先计算出节点孔隙压力，然后根据四面体单元的体积将节点力通过加权的方法平均到单元内部。在流固耦合计算中，需要对单元总应力进行修正，总应力修正被分割成两部分，一部分为流体修正 $\Delta\sigma_{ij}^f$，另一部分为流固耦合修正 $\Delta\sigma_{ij}^{th}$，具体表示为：

$$\Delta\sigma_{ij} = \Delta\sigma_{ij}^f + \Delta\sigma_{ij}^{th} \tag{3-23}$$

$$\Delta\sigma_{ij}^f = -\alpha \overline{\Delta p_{(t)}^n} \delta_{ij}$$

$$\Delta\sigma_{ij}^{th} = \alpha \overline{M}(\alpha \overline{\Delta\varepsilon} - \beta \overline{\Delta T})_t \delta_{ij}$$

式中的上横线，表示节点力对单元的平均值。

第二节 边界条件及计算参数的选取

一、模型边界条件及屈服准则

模型力学边界条件为：底部采用全约束边界条件；模型顶部采用自由边界，通过施加面力来代替模型未能模拟到的岩层及上部松散层；煤层顶板采用自由边界条件；模型前、后、左、右边界采用 X、Y 方向固定；渗流边界条件为含水层底板采用固定水压边界模拟灰岩含水层水压，其余为隔水边界，工作面回采之后，采空区为排水边界。

计算中采用 Mohr-Coulomb 塑性本构模型和 Mohr-Coulomb 屈服准则,即

$$f_s = \sigma_1 - \frac{\sigma_3(1+\sin\varphi)}{1-\sin\varphi} + 2c\sqrt{\frac{1+\sin\varphi}{1-\sin\varphi}} \quad (3-24)$$

$$f_t = \sigma_3 - \sigma_t \quad (3-25)$$

式中,σ_1,σ_3 分别为最大和最小主应力(MPa);c 为岩体的黏聚力(MPa);φ 为岩体的内摩擦角(°);σ_t 为岩体抗拉强度(MPa)。当 $f_s=0$ 时,岩体发生剪切破坏;当 $f_t=0$ 时,岩体发生拉破坏。

二、计算参数的选取

1.力学参数的选取

数值模拟的关键在于模型力学参数的选取,由于实际岩体中包含了各种形态的结构面,如节理、不整合面、软弱夹层等,使得岩体物理力学指标与实验室所测岩块物理力学指标之间存在很大差异。若直接将实验室测试值作为模拟依据,则模拟结果将会产生较大的误差,与真实结果大相径庭。因此,需要寻求某种方法,对岩块的物理力学指标进行修正。

目前,国内外用以表征岩体完整性的指标较多,主要有弹性波测试法、岩芯钻探法、结构面统计法、波速测试法等,其中波速测试法可以避免因钻探工艺等干扰,较好地反映岩体的完整性。本次岩体力学的求取是基于淮北矿区内钻探所取岩芯的实验室物理力学指标,通过原位波速测试即岩块波速实验室测定,利用完整性系数所得到的(陈成宗,1997)。本书模拟重点研究底板采动效应特征,因此对于煤层部分覆岩进行了概化,用"顶板"替代,模拟所取岩体力学参数结果如表 3-1 所示。

表 3-1 底板采动效应数值模拟模型力学参数表

岩性	体积模量/GPa	剪切模量/GPa	密度/(g·cm^{-3})	内聚力/MPa	内摩擦角/(°)	抗拉强度/MPa
顶板	2.90	2.27	2.62	2.29	32	1.71
粉砂岩	2.58	1.59	2.53	2.80	33	2.30
细砂岩	1.54	1.68	2.54	3.00	35	2.40
泥岩	1.19	1.26	2.38	2.00	30	1.50
6煤	0.09	0.08	1.42	1.50	25	0.30
灰岩	1.79	1.89	2.75	4.20	38	3.00
断层带	0.15	0.18	1.83	0.6	22	0.05
陷落柱	0.25	0.19	1.80	0.5	25	0.10

2. 渗流参数的选取

渗流计算中最关键的参数为岩体的渗透系数,渗透系数对底板中渗流场的分布有着重要的作用。目前,大多数涉及煤矿开采底板流固耦合分析时,均将底板岩体的渗透系数看作常量,即不随煤层开采而变化。但受煤层采动影响,底板岩体结构会发生变化,裂隙等结构面不断萌生,显然底板岩体的渗透性会发生变化,将岩体渗透系数作为定值看待是不合理的。

CHARLEZ 等通过水力压裂实验证明,随着水压增加,岩体微破裂发展,在这一过程中渗透系数的变化十分明显(Charlez et al,1991);Wang 和 Park(2002)认为导致煤矿底板发生突水事故的主要原因是采动影响底板岩体发生破裂而引起的渗透性增强。此外,大量室内岩石应力-应变-渗透性实验证明,在应力作用下,岩石的渗透率随应力-应变过程的不同而发生变化,主要表现在,当岩石处于弹性阶段,随着应力增加,岩石内部微裂隙被压实,渗透性减小;当达到屈服强度、应力增幅不大的情况下,岩石中新的裂隙不断形成,贯通岩石渗透率发生明显增大。这一过程应力不发生明显变化,但应变仍不断增加,因此,用应力反映渗透系数的变化就不再适用,具有一定局限性。岩石渗透系数主要与岩石的应变有关,Wlsworth(1992)通过岩体变形来作为渗透系数的控制因素,并提出了相应的控制公式。

本书中渗透系数的选取主要依据 Bai 与 Salamon 等(1992)提出的公式作为流固耦合数值模拟渗透系数的控制依据,其表达式为:

$$K = k_0 \times \left(\frac{1+\Delta\varepsilon}{n}\right)^2 \tag{3-26}$$

式中,k_0 为岩体的初始渗透系数($m^2/Pa \cdot s$);$\Delta\varepsilon$ 为体应变增量;n 为岩体孔隙度;需要指出的是,FLAC3D中渗透系数的单位与土力学中渗透系数单位有所不同,需要进行换算,二者间的换算关系为:$K(m^2/Pa \cdot s) = k(cm/s) \times 1.02 \times 10^{-6}$。根据淮北矿区水文地质勘探资料统计取平均值,不同岩性岩体渗透系数及孔隙度如表3-2所示。

表3-2 底板采动效应数值模拟模型水文参数表

岩性	渗透系数/[$m^2 \cdot (Pa \cdot s)^{-1}$]	孔隙度/%
泥岩	1.00×10^{-11}	4.0
细砂岩	4.00×10^{-11}	6.0
粉砂岩	2.00×10^{-11}	5.0
灰岩	1.00×10^{-10}	7.0
煤层	8.00×10^{-11}	5.0
顶板	9.00×10^{-12}	4.0
断层带	2.00×10^{-10}	10.0
陷落柱	2.00×10^{-10}	12.0

第三节 矿井深部完整结构底板采动效应分析

根据焦作、峰峰、徐州、新汶等矿区工作面回采底板出水资料统计分析,在工作面内切眼处及煤壁附近易发生底板出水,且多出现在工作面正常回采或开始回采至顶板初次来压时(王作宇等,1993)。底板突水点位置如图3-1所示。

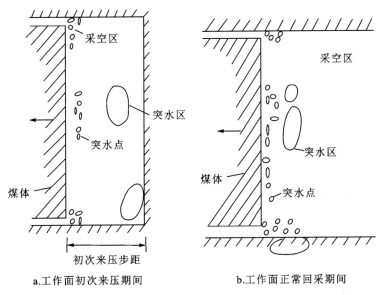

图3-1 工作面初次来压(正常回采)期间底板突水点分布图

在华北岩溶矿区,一般石炭系地层顶板初次来压步距为15～20m,二叠系砂岩顶板为25～35m。工作面老顶初次来压引起的底板突水点突水占总突水次数的65%以上,二次来压占25%左右。表3-3是华北72个底板突水工作面沿走向突水点位置的统计结果(张金才等,1997)。结果表明,大多数底板突水事故发生在工作面刚从切眼推进20～30m的区间内。从华北石炭二叠系煤层顶板来看,一般属于二、三级老顶,因此大多数突水事故正好发生在顶板初次来压期间。由此可见,对工作面初次来压前后各种条件下的底板破坏规律的研究应对揭示底板突水机理更具普适性与针对性,因此本书重点对工作面开采初次来压期间底板采动效应进行模拟分析,根据淮北矿区实际条件,顶板初次来压一般为30m,周期来压步距为20m。此外,通过对焦作、峰峰等矿区发生底板突水事故的统计,得出其隔水层厚度均小于40m,这对底板突水研究具有一定指导意义(彭苏萍等,2001)。

表 3-3　底板突水点沿工作面走向统计表

距切眼距离/m	10～20	20～30	30～40	40～50	50～60	60～70	70～80	80～110	240
突水次数	10	32	8	5	6	3	3	4	1
所占比例/%	13.9	44.4	11.4	6.9	8.3	4.2	4.2	5.6	1.4

一、矿井深部开采底板采动效应特征

为了研究承压水水压对底板采动破坏的影响及深部开采与浅部开采底板破坏形态的差异,本节利用 FLAC3D 中流固耦合模块对完整结构底板采动效应进行分析。在不存在断裂构造的正常煤层底板中,由于煤层开采形成的采动应力及底板承压含水层中承压水压力等多种因素共同作用,底板岩层破裂贯通,形成渗流通道,随着采动渗流通道逐渐扩张,最终形成大的突水通道。这是正常区段底板突水的主要原因,其发展过程如图 3-2 所示。

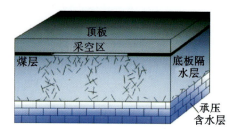

图 3-2　正常区段底板突水示意图

(一)承压水水压对底板采动破坏的影响

通过建立底板隔水层厚度一定的模型,对相同采深、水压不同及随着采深增加底板水压随深度同步增大的条件下,煤层开采过程中底板变形破坏到发生突水这一过程进行模拟,揭示完整底板流固耦合条件下的突水机理及矿井深部开采底板塑性分区特征。

1. 数值模型的建立

模拟下组煤厚度为 3m,工作面宽度选取淮北矿区平均值 150m,建立模型尺寸长宽高分别为 200m、250m、100m。煤层开采过程中,每次开挖步距为 10m,工作面两端留设 50m 宽煤柱以减小尺寸效应的影响,顶板采用自由垮落式管理,模型顶部未模拟到的地层采用等效面力代替,若无特殊说明,本书数值模拟中均按此参数为据。本次建立了底板隔水层厚度为 35m 的数值模型,如图 3-3 所示。

本书利用 FLAC3D 中自带内嵌程序 FISH 语言编写出模型中不同岩体渗透系数随着工作面回采引起的体应变增量的变化关系。在每一次开挖之后,调用程序,自动对模型中岩体渗透系数和孔隙度进行重新赋值,然后进行下一阶段的开挖。这一过程即能够实现应力场与渗流场间的相互影响,完成流固耦合条件下的工作面开采试验。

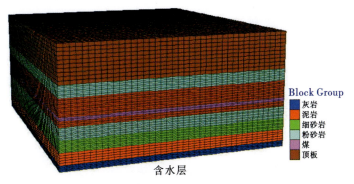

图 3-3 完整结构底板数值模型图

2.模拟结果分析

为了研究矿井深部底板高承压水压对底板采动破坏特征的影响,对底板厚度一定,不同底板水压模型分别进行分析。采深一定(-600m),不同水压(0、4MPa、5MPa、6MPa)条件下,工作面回采之后煤层底板塑性破坏进行分析,本次选取有代表性的步距,底板塑性破坏图如图 3-4~图 3-7 所示。

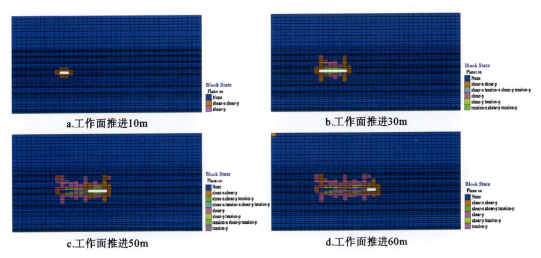

图 3-4 无承压水底板塑性破坏图

从图 3-5b 和 c 中可以看出,当底板承压水为 4MPa 时,工作面推进至 20m 时底板深部无塑性破坏,推进至初次来压步距时,在灰岩含水层上方的泥岩层中出现了厚 6m 的原位张裂破坏带,且随着工作面的推进,张裂带范围有所增加,推进 50m 之后,到达 8m,最终趋于稳定,原位张破裂的发展方向为从上到下,逐渐向承压含水层接近,原位张裂带的存在使得有效隔水层厚度明显减小,对底板阻隔水不利。此外,从图中可以看出,原位张裂带主要集中于工作面下方前后两端处,其产生破坏的主要原因是受工作面两端支承压力及底部承压

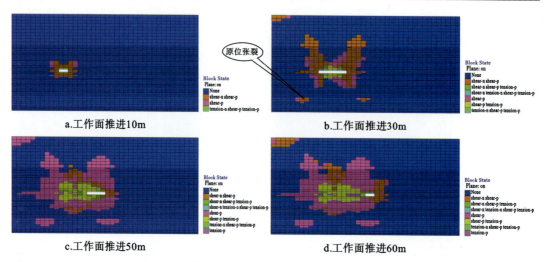

图 3-5 底板承压水水压 4MPa 底板塑性破坏图

水压力共同作用,导致工作前方受水平挤压,后方受水平张拉,致使深部底板岩层产生垂直开裂,沿原生节理扩展而最终破裂。

当底板承压水水压增大至 5MPa 且推进至 20m 时,在承压含水层顶部出现厚度 8m 左右的原位张裂带,如图 3-6b 所示;当推进至顶板初次来压步距 30m 时,底板深部原位张裂带范围在横向和垂向上范围均进一步增大,如图 3-6c 所示;原位张裂带厚度达 10m,底部海相泥岩全部破坏并与底板承压含水层沟通,使底板承压水沿泥岩张裂带向上导升,由于水楔作用,在泥岩中形成自下而上的原位导升带,导升带高度约 3m。原位导升带使底板有效隔水层厚度进一步减小,最终在工作面前、后两端与底板采动破坏带连通。底板承压水沿底板采动裂隙带即可进入工作面底板,造成底板突水事故。

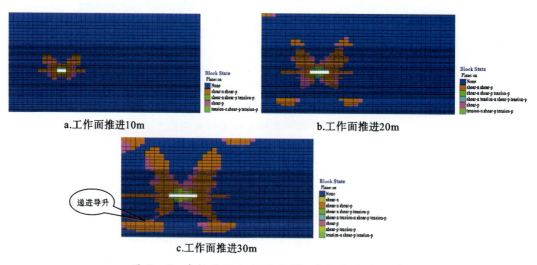

图 3-6 底板承压水水压 5MPa 底板塑性破坏图

当底板承压水水压增大至 6MPa 且工作面推进 10m 时,煤层底板深部出现厚度 10m 的原位张裂带,底部海相泥岩全部发生塑性破坏并与底部承压含水层沟通;随着继续推进,当工作面推进至 20m 时,如图 3-7b 所示,底板采动破坏带深度进一步增加至 18m,同时原位张裂带开始出现向上的导升现象,递进导升带高度约 4m,使得煤层底板有效隔水层厚度减小,此时,底板采动破坏带与原位导升带之间仍有一定厚度的有效隔水层;随着工作面继续推进,当推进至煤层顶板初次来压步距 30m 时,如图 3-7c 所示,底板采动破坏带已与底板深部原位导升带完全连通,底板承压水沿底板破裂带进入工作面造成突水。

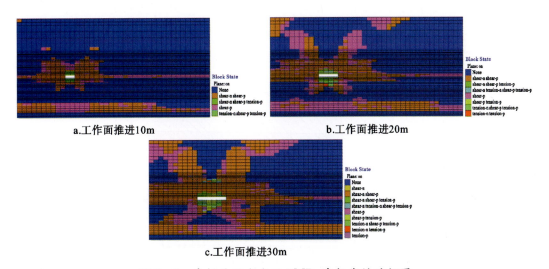

a.工作面推进10m　　b.工作面推进20m

c.工作面推进30m

图 3-7　底板承压水水压 6MPa 底板塑性破坏图

与无底板承压水条件下底板破坏塑性结果相比,如图 3-4 所示,可以看出,不考虑底板流固耦合条件时,底板破坏深度及范围明显小,且破坏形态也差异较大,随着工作面推进,底板深部不会出现原位张裂区。

从图 3-5 中可以看出,在流固耦合条件下,煤层开采之后,底板内至上而下形成了"四带",煤层直接底板下方为采动破坏带;采动破坏带下方为完整岩层带,该带受采动影响小,未发生塑性破坏;完整岩层带下方为深部原位张裂带,该张裂破坏主要是由于底板承压水的存在所致;原位张裂带与承压水顶板之间存在一定厚度的完整岩层带,为深部完整岩层带。本书划分的底板"四带"与山东科技大学施龙青等(2005)所提"四带"有所差异,后者主要是在断裂力学与损伤力学基础上得出的,且其深部的Ⅲ带、Ⅳ带不受矿山压力作用,而本书所划分的底板"四带"主要是考虑工作面形成后,受矿山压力与底板水压共同耦合作用下形成的"四带"。

彭苏萍等(2001)曾对淮北矿区杨庄煤矿的工作面回采后底板进行了现场观察,得到了承压含水层之上底板岩体破坏特征的一般特征,即煤层底板与承压含水层之间,在垂向上自上而下可划分为 4 个带,其中,Ⅰ带为深部岩体最大破坏深度所在层位;Ⅱ带为底板完整岩层带,受采动影响较小;Ⅲ带为深部原始张裂带;Ⅳ带为深部岩体无变化带,不受采动效应影响,分带特征如图3-8所示。因此,可以看出本书底板破坏模拟结果与实测结果规律一致,证明了模拟结果的可靠性。

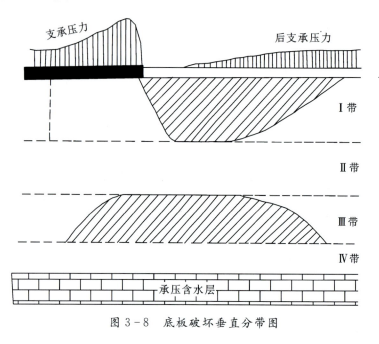

图3-8 底板破坏垂直分带图

通过上述分析可以看出,底板承压水水压不同,工作面回采后底板采动破坏深度存在明显差异。总体结果表现为,随着底板水压增大,底板采动破坏深度也增加。不同水压条件下,工作面底板采动破坏深度对比结果如图3-9所示。

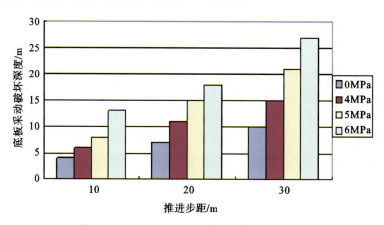

图3-9 不同承压水压底板采动破坏深度

通过对隔水层厚度一定,底板承压水条件不同时,底板塑性破坏特征的分析,得出底板承压水的存在与否,对底板破坏深度、形态及范围等有明显的影响。主要表现在以下几个方面。

(1)不考虑底板承压水时,底板采动破坏深度及范围小于存在底板承压水的情况;当考虑底板承压水因素时,随着底板水压的增大,底板采动破坏深度及范围增大,且在底板深部出现原位张裂带,张裂带厚度及范围随着工作面的推进而不断增大。

(2)水压不同,底板深部出现原位张裂的推进步距不同。当水压为4MPa时,工作面推进至30m时,底板出现原位张裂;水压为5MPa时,推进至20m,底板出现原位张裂;水压为6MPa时,初次开挖即出现原位张裂,说明底板承压水水压越大,底板出现原位张裂区的时间就越早。

(3)随着水压的增大,底板深部原位导升带发育高度增加。水压为5MPa时,底板深部递进导升带高度为3m;而6MPa条件下,导升带高度为4m。

(4)底板承压水水压为4MPa时,底板受采动影响不发生底板突水,当采深增大,水压增加为5~6MPa时,工作面回采之后发生底板突水,且均为工作面推进至煤层顶板初次来压步距30m时发生突水,从突水位置来看,均在工作面前、后两端处,而底板采空区正下方一般均有一定厚度的完整岩层带,如图3-6c、图3-7c所示,突水区位置及步距与前述华北煤田底板突水事故统计结果相吻合。

(二)矿井深部开采底板塑性破坏形态特征

综合淮北矿区现有开采技术水平、矿井装备水平及下组煤岩性特征等因素,将采深-800~-600m定义为深部开采上限。为了研究煤层深部开采底板采动破坏形态与浅部开采的差异,建立了不同采深的数值模型,按照第二章所统计淮北矿区煤层采深与底板水压之间的关系,对流固耦合时的浅部开采与深部开采条件下底板塑性破坏特征分别进行了数值模拟。

1.模型的建立与模拟方案

建立了隔水层底板厚45m模型,如图3-10所示。对煤层采深-400m、底板水压4MPa,煤层采深-600m、底板水压5MPa,煤层采深-800m、底板水压7MPa三种不同条件下,底板采动效应分别进行了模拟。

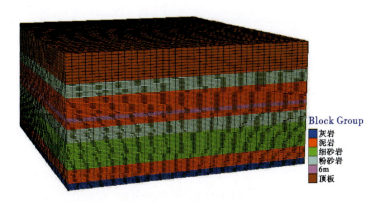

图3-10 数值模型图

2. 模拟结果分析

底板塑性破坏图如图 3-11～图 3-13 所示。

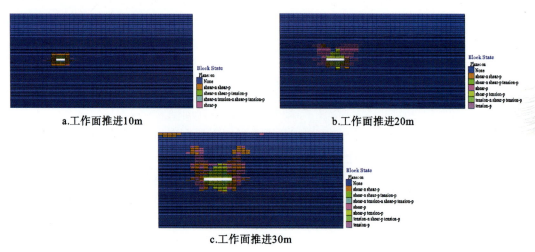

图 3-11 采深-400m 承压水水压 4MPa 底板塑性破坏图

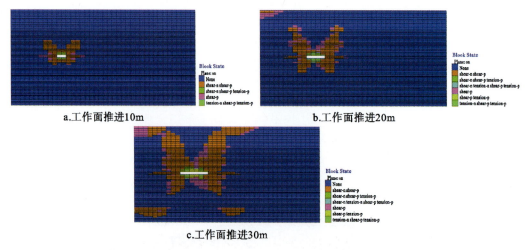

图 3-12 采深-600m 承压水水压 5MPa 底板塑性破坏图

对比不同采深条件下底板塑性图可以看出，浅部开采（采深-400m，水压 4MPa）条件下，工作面形成后，煤层底板下方仅存在采动破坏带，而采深超过-600m 后，随着工作面的推进会在底板深部、承压含水层之上形成一定范围的原位张裂带，当采深到达-800m 后，工作面推进 20m 时，会在原位张裂带之上形成新的采动导升带，工作面在推进至顶板初次来压步距 30m 时，原位采动导升带与底板采动破裂带相沟通，造成底板突水。不同采深条件下，工作面推进不同步距时，底板采动破坏带深度如图 3-14 所示。

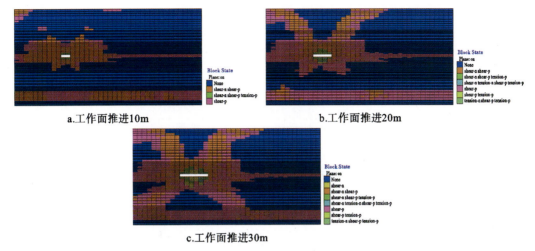

图 3-13 采深-800m 承压水水压 7MPa 底板塑性破坏图

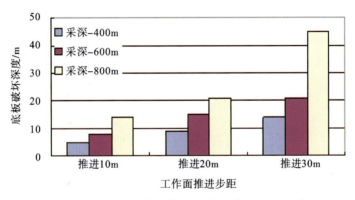

图 3-14 不同采深条件下底板采动破坏深度

从底板采动破坏图中可以看出,随着煤层采深及底板承压水水压的增大,底板采动破坏带的发育深度也随之增大。浅部开采条件下工作面初次来压时底板破坏深度为 14m,在采深-600m 条件下,同样步距条件下底板采动破坏带深度为 21m;而当采深增大至-800m 时,在工作面初次来压时,会发生底板突水事故。

通过对比可以发现,随着煤层采深及底板承压水水压的增加,底板采动突水危险性也随之增大。同样条件下,煤层在浅部开采无突水风险,但当进入深部后,在采动影响下底板可能发生突水事故。当进入深部开采后,底板在采动应力及高承压水压共同耦合作用下,会在底板深部形成一定范围的原位张裂区,且该区段的范围与采深有明显关系,即采深越大,底板水压越高,原位张裂区的范围也越大,出现的时间也越早。当煤层采深为-600m 时,工作面推进至 30m,底板深部才出现原位张裂区,且其范围仅在工作面两端下方,而当采深增大至-800m 时,工作面开挖 10m,底板深部即出现了原位张裂区,其范围较采深-600m 时明显扩大,随着工作面继续推进,受高地应力及高承压水压共同影响,承压水会突破原位张裂带,继续向上形成新的导升带,即递进导升带,之后采动导升带不断向上发展,而底板采动破坏向下发展,最终二者连通,发生底板突水。

从底板突水的过程来看,可以揭示出深部开采完整型底板在流固耦合条件下的突水规律。受采动影响,煤层底板下方与底板承压含水层之间存在着"四带",底板深部的原位张裂带发育规律为自上而下逐渐向承压含水层靠近,随着推进底板原位张裂带范围厚度不断扩大,最终与含水层连通,之后承压水沿张裂带进入底板,并形成原位采动导升带,使底板有效隔水层厚度减小。随着工作面继续推进,受采动影响与底板承压水共同影响,导致采动裂隙带继续增大,原位采动导升带继续上升,直至二者相互连通,形成底板突水通道,造成承压水沿裂隙进入采空区,导致底板突水发生。这一过程可简要地概括为原位张裂的萌生—与承压含水层沟通—递进导升带的发育—递进导升带与采动破坏带连通,这即是矿井深部开采,流固耦合条件下,工作面回采后底板突水机理。

(三)采动条件下工作面围岩渗透性特征分析

1.围岩渗透性分析

FLAC3D中除了众多内置函数及变量外,还提供了可以自定义的额外变量,大大提高了软件使用的灵活性,能够使用户根据自己的需要,分析无法直接利用软件得到的一些结果与现象。额外单元变量函数为z_extra(p_z,n),在使用该变量时需要进行CONFIG设置,其格式为config zextra n,其中 n 代表额外变量的数量,这些变量可以得到模型中单元变量的其他相应云图,而这些云图无法利用软件自身绘图命令产生,如单元的渗透性、孔隙度等变量。

本书利用FISH语言编写出工作面回采过程中,围岩渗透系数及孔隙度与初始状态下的比值,作为额外变量输出,因此本书中 $n=2$,设定zextra 1代表开采前后渗透系数比,zextra 2代表开采前后孔隙度比。以底板厚度为35m例,对不同底板水压条件下,围岩渗透性及孔隙度随煤层开采变化情况进行分析,其结果如图3-15~图3-17所示。

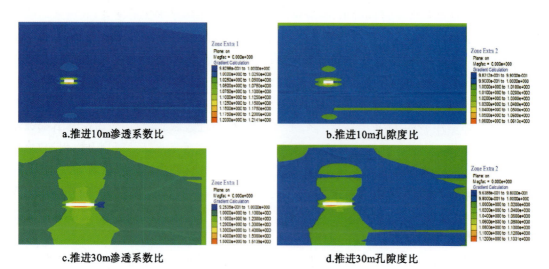

a.推进10m渗透系数比　　　　　　　b.推进10m孔隙度比

c.推进30m渗透系数比　　　　　　　d.推进30m孔隙度比

图3-15　4MPa水压条件下煤层开采前后围岩渗透系数比及孔隙度比云图

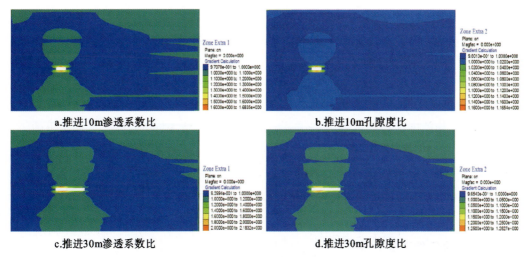

图 3-16 5MPa 水压条件下煤层开采前后围岩渗透系数比及孔隙度比云图

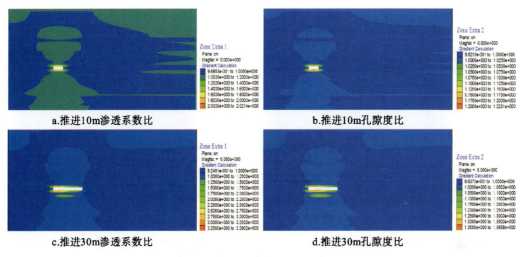

图 3-17 6MPa 水压条件下煤层开采前后围岩渗透系数比及孔隙度比云图

从煤层开采后,围岩渗透系数、孔隙度与采前初始状态比值云图中可以看出,渗透系数及孔隙度比值云图形态相似且呈"8"字形;在工作面顶、底板上下范围内比值大于1,而在工作面两端及顶板上部位置比值小于1,主要是由于煤层开采后,煤层顶底板范围内出现明显的拉张变形,造成采后岩体孔隙度增大,因而渗透系数大于采前。而在工作面两端及顶板顶端中部一定范围内,由于煤壁及其前方受到采后支承压力的作用及开采沉陷的影响,造成该范围内煤岩体处于压缩状态,其孔隙度减小,相应的岩体渗透性降低,所以造成渗透系数及孔隙度小于采前初始值。

当底板承压水水压一定,随着工作面的不断推进,其渗透系数及孔隙度比值不断增加,以水压较小的 4MPa 为例,渗透系数比值最大值从初始开挖 10m 时的 1.21 倍增大至推进到顶板初次来压步距的 1.51 倍,孔隙度比从 1.06 倍增大至 1.13 倍,如图 3-15 所示;渗透系数及孔隙度比值在工作面直接顶底板内最大,在垂向上随着距煤层距离的增加,其比值不断减小,反映了随着距煤层距离的增加,采动影响作用在不断减弱。

当底板厚度不变而底板承压水水压发生变化时,渗透系数及孔隙度比值发生明显变化,同时比值云图也发生了明显改变。当底板水压增大为 6MPa 时,工作面初次开挖 10m 时,最大渗透系数及孔隙度为初始值的 3.02 倍、2.22 倍;当推进至 30m 时,分别为初始值的 4.28 倍、2.38 倍,如图 3-17 所示;从比值云图中可以看出,当水压增大至 6MPa,工作面推进 20m 后,底板下方出现了一处明显的增大条带,进一步说明水压的增大使煤层底板采动影响范围扩大。此外,由前述可知,水压 6MPa 突水量明显大于 5MPa,而 6MPa 条件下渗透系数为 5MPa 条件下的近 2 倍,因此水压和突水量增大的另一主要原因是底板岩体渗透性的成倍变化。

为了直观反映水压增大对岩体渗透性能的影响,对不同水压条件下,推进至初次来压步距 30m 时,围岩渗透系数比及孔隙度比随水压变化进行研究,结果如图 3-18 所示。

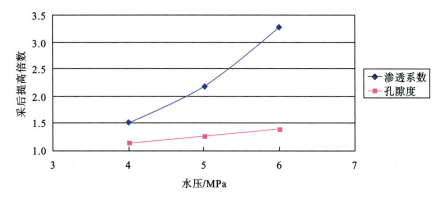

图 3-18　底板厚度 35m 渗透性及孔隙度随水压变化关系

从图 3-18 可以看出,随着水压的增大,煤层开采后围岩渗透系数及孔隙度增大倍数都呈增大趋势,但二者增幅不同。当水压增大至 6MPa 时,渗透系数较初始最大提升近 3.5 倍,而孔隙度仅提升近 1.5 倍,孔隙度增幅小于渗透系数增幅。由此得出,底板水压的增大使岩体渗透性能大幅提高,为底板突水提供了良好的物质基础。

2. 底板涌水量分析

FLAC3D 中提供了节点流量的计算函数 gp_flow(),本书通过 FISH 语言编写出工作面底板涌水量的计算程序,在计算结束后调用所编程序,即可得到工作面底板的涌水量值,从而实现了流固耦合条件下,底板突水评价的定量评价指标,计算程序及调用后所得结果如图 3-19 所示。

FLAC3D 中流量的默认单位为 m^3/s,负数代表流出量。以底板隔水层厚度 35m 为例,经换算得出,底板承压水水压为 5MPa 时,工作面推进至底板初次来压步距,发生底板突水,涌水量为 58.21m^3/h。基于地下水动力学中太灰突水量非完整井计算公式(薛禹群,1997),

对底板突水量进行了理论计算：

$$Q = \frac{2\pi KSr}{\frac{\pi}{2} + \frac{r}{M}\left(1 + 1.185\lg\frac{R}{4M}\right)} \quad (3-27)$$

式中：K 为含水层渗透系数；r 为引用半径，底板进水面积为 $a = 30\text{m}$，$b = 150\text{m}$，$r = \sqrt{ab/\pi} = \sqrt{(30 \times 150)/\pi} = 38.7\text{m}$；$R$ 为引用影响半径，$R_0 = 10S\sqrt{K}$，$R = R_0 + r$；M 为灰岩厚度；S 为太灰水位与工作面最低标高之差的 $1/3$，水压 5MPa 换算后 $S = 166.7\text{m}$。

将上述参数代入式(3-27)，得出底板突水量大小为 $54.12\text{m}^3/\text{h}$。因此，可以看出软件计算结果与理论公式计算结果基本一致，验证了数值模拟的合理性。

同样，利用 FISH 语言编程，对底板涌水量进行了计算，经换算得底板承压水 6MPa 时，底板涌水量达 $160.88\text{m}^3/\text{h}$。

```
Flac3D>def qflac
    Def>qval=0.0
    Def>pnt=gp_head
    Def>loop while pnt # null
    Def>fvalz=gp_zpos(pnt)-39.01
    Def>fvalx=gp_xpos(pnt)-49.0
    Def>fvaly=gp_ypos(pnt)-49.0
    Def>if fvalz > 0
    Def> if fvalz <1.0
    Def>   if fvalx > 0.9
    Def>     if fvalx<31.1
    Def>       if fvaly > 0.9
    Def>         if fvaly < 151.1
    Def>           qval=qval+gp_flow(pnt)
    Def>         endif
    Def>       endif
    Def>     endif
    Def>   endif
    Def> endif
    Def>endif
    Def>pnt = gp_next(pnt)
    Def>end_loop
    Def>qflac=qval
    Def>end
Flac3D>print qflac
qflac = -1.617675458874e-002
```

图 3-19　5MPa 水压底板涌水量程序代码及涌水量计算结果图

通过分析可以看出，底板突水量大小与底板承压水水压有关，随着承压水水压的增大且当含水层富水性较好时，底板发生突水后，最大突水量也随之增大，水压为 5MPa 时，最大突水量为 $58.21\text{m}^3/\text{h}$，而水压为 6MPa 时，底板最大突水量可达 $160.88\text{m}^3/\text{h}$。

二、底板岩层组合结构对采动效应的影响

为了研究煤层底板岩层组合特征对底板采动效应的控制机理，以淮北矿区下组煤底板岩层组合特征为依托，建立了相同隔水层厚度条件下，不同岩层建造特征的底板模型，不考虑底板承压水及底板流固耦合条件，分别对煤层底板采动效应进行了数值模拟，并对其采动效应差异进行了分析研究，模型底板岩层组合特征如表 3-4 所示。

表 3-4　煤层底板岩层组合特征

底板岩层组合特征	岩性	厚度/m
软-硬-软	泥岩	5
	细砂岩	25
	粉砂岩	10
	泥岩	20
	灰岩	5

续表3-4

底板岩层组合特征	岩性	厚度/m
软硬相间	泥岩	5
	细砂岩	15
	泥岩	10
	粉砂岩	10
	泥岩	20
	灰岩	5
硬-软	细砂岩	30
	粉砂岩	10
	泥岩	20
	灰岩	5

(一)模型的建立

本次模拟对3种不同组合特征条件下的底板采动效应进行了研究。下组煤底板隔水层厚度为60m,灰岩顶部存在20m厚的黑色海相泥岩。模型设计为水平层状,模型长(x)为200m,宽(y)为250m,高(z)为100m。地质模型图如图3-20所示。

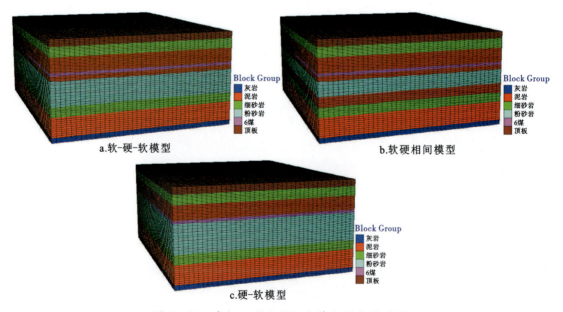

图3-20 底板不同岩层组合特征数值模型图

(二)模拟结果分析

1.无承压水水压条件下底板采动效应研究

1)底板采动塑性破坏特征

从不同底板岩层组合特征模型开挖后底板塑性状态图中可以看出,随着工作面的开挖,底板塑性破坏范围也在逐渐增大,且在工作面底板两端煤壁处,破坏深度明显大于采空区中部,底板破坏形态,呈近似倒马鞍形,采空区底板以拉张破坏为主,工作面两端以压剪破坏为主,如图3-21~图3-23所示。

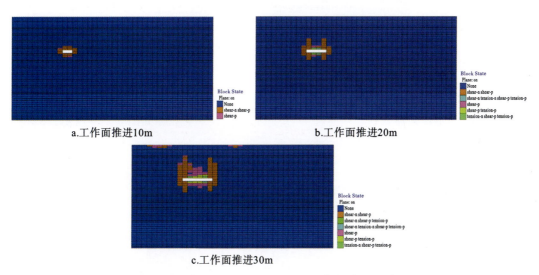

图3-21 采深-600m 软-硬-软型底板塑性状态图

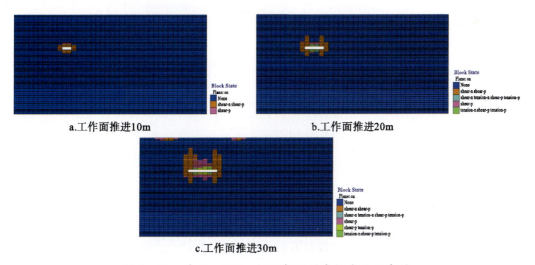

图3-22 采深-600m 软硬相间型底板塑性状态图

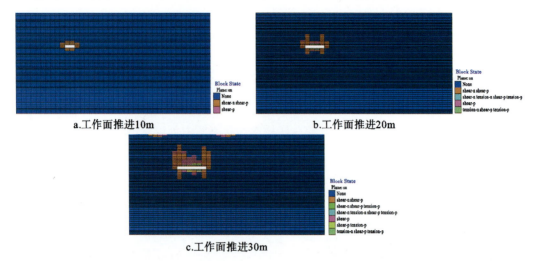

图 3-23 采深-600m 硬-软型底板塑性状态图

从不同底板组合类型模型煤层开采后底板塑性破坏状态图中可以看出,底板的组合类型不同,底板的塑性破坏就存在一定差异,不同底板组合采动破坏如图 3-24 所示。

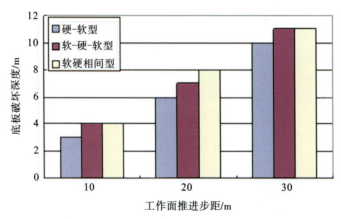

图 3-24 无承压水水压不同底板组合特征采后破坏深度

从图中可以看出,硬-软型底板在工作面开采后,底板塑性破坏范围及深度较其他两类型底板要小。而软硬相间型及软-硬-软型底板最大破坏深度基本一致。由此可见,底板岩层组合特征不同,底板在工作面回采后破坏特征存在差异,若直接底板为硬质岩体则底板破坏深度相对较小。

2)底板采动应力特征分析

煤层开采之后,会在采空区形成卸压区,同时在煤壁四周产生支承压力,工作面周围支承压力分布如图 3-25 所示。随着煤层不断向前推进,采空区范围越来越大,顶板悬顶面积不断增加。当推进距离到达顶板初次来压步距时,顶板悬顶跨度到达最大,煤壁四周支承压力也随之达到最大,此时应力集中程度最为明显,底板岩层出现较强的破坏特征。之后,随着顶板的周期来压,底板采动破坏特征进一步增强,但与初次来压相比变化幅度明显减小(吴家龙,2001)。为此,对初次来压期间煤层开挖后底板采动效应的研究显得尤为重要,为此本书重点对初次来压期间,煤层底板采动效应特征进行模拟分析,根据淮北矿区顶板条件,初次来压步距一般为 30m,本书按初次来压 30m 进行模拟。

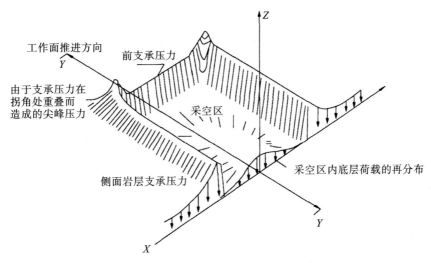

图 3-25 煤层采后采场周围应力分布图

对工作面回采期间,对底板应力 σ_{xx} 进行了数值模拟分析,结果表明:σ_{xx} 在工作面四周分布特征基本为在工作面前后方出现应力集中现象,处于受压状态,形态呈扁椭球状;而在工作面直接底板范围内出现明显的卸压现象,当到一定深度范围后,出现明显的增压状态,应力分布状态呈明显的倒马鞍形。为了使应力值更加直观,利用 FLAC3D 软件的内部自带编程功能,将 FLAC3D 计算结果导入 Tecplot 软件,生成应力等值线图,不同底板岩层组合类型模型开采后,底板 σ_{xx} 应力分布如图 3-26~图 3-29 所示。

应力模拟结果表明,随着煤层开采,在工作面两端形成应力集中,且随着推进步距的增加,不论是应力集中范围还是集中程度都明显增大;采动应力在底板范围内的分布特征为,先随深度增加而卸压,达到一定深度后出现明显的增压。从底板应力等值线中可以看出,卸压范围在底板内呈对称形分布,从工作面两端,以与垂直方向近似呈 45°且"8"字形向深部延伸。

此外,不同底板组合类型模型中,应力在底板中的分布特征存在一定的差异,从应力分布等值线图中可以看出,−600m 采深条件下,硬-软型底板当工作面推进至初次来压步距时,集中应力在工作面两端最大值约 12MPa,而未采动前应力约 6MPa,应力集中系数达 2.0;另两类底板集中应力基本一致,在 10MPa 左右,应力集中系数为 1.65;对比不同采深相同底板类型模型应力分布,如图 3-28、图 3-29 所示。可以看出,当煤层采深增加之后,底板中 σ_{xx} 应力整体较−600m 采深条件下明显增大,这也是底板塑性破坏深度增加的主要原

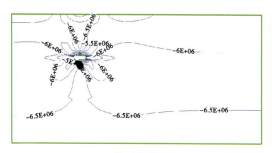
a.工作面推进10m

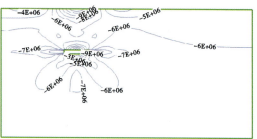
b.工作面推进20m

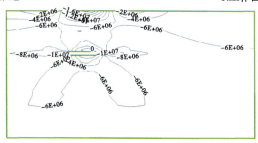
c.工作面推进30m

图 3-26　采深-600m 软-硬-软型底板 σ_{xx} 应力分布图（单位：Pa）

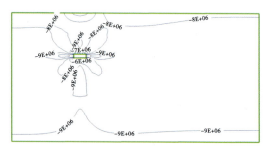
a.工作面推进10m

b.工作面推进20m

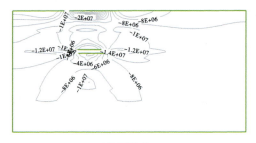
c.工作面推进30m

图 3-27　采深-800m 软-硬-软型底板 σ_{xx} 应力分布图（单位：Pa）

因；采深-800m 时，当工作面推进至初次来压步距，工作面两端最大集中应力达 14MPa，而初始应力约为 8.3MPa，应力集中系数为 1.68。因此，当煤层采深增加，工作面集中系数略有增大，但增幅不大。

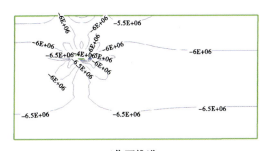
a.工作面推进10m

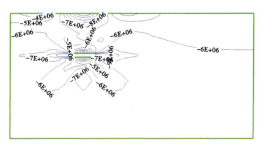
b.工作面推进20m

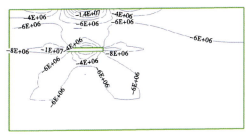
c.工作面推进30m

图 3-28 采深-600m 软硬相间型底板 σ_{xx} 应力分布图(单位:Pa)

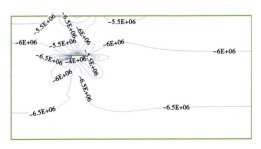
a.工作面推进10m

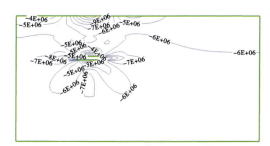
b.工作面推进20m

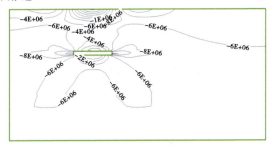
c.工作面推进30m

图 3-29 采深-600m 硬-软型底板 σ_{xx} 应力分布图(单位:Pa)

为了对不同类型底板中应力变化趋势进行深入分析,在采深-600m条件下,模拟中对推进30m条件下,不同深度底板范围内σ_{xx}应力进行了监测,底板内应力变化趋势如图3-30所示。

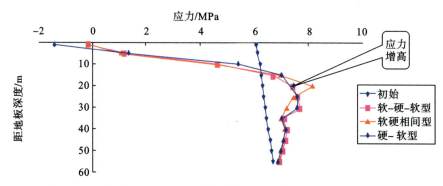

图3-30 采深-600m不同类型底板σ_{xx}应力随深度变化趋势图

从底板应力监测图中可以看出,底板中的应力分布特征曲线由初始状态下随深度线性变化的直线变化为采后非线性曲线。由于受采动影响,在直接底板范围内较初始状态形成明显的卸压区;随深度增加,当达到一定深度后,应力与采前初始应力曲线相交,该交点即为应力状态调整的转换点。在应力转换点深度以下,采动后应力大于初始应力,表现为增压,当到达一定深度后,采动应力与初始应力趋于一致,该转换点深度即为理论采动卸荷最大深度。

从应力变化曲线中可以看出,不同底板组合类型的模型,应力曲线存在一定的差异,主要表现在,底板组合为硬-软型时,煤层直接底板的卸压程度明显大于其他两种类型底板,主要是由于底板平均弹模和整体刚度较大,一旦发生卸荷,其卸荷程度更大。此外,在底板增压区,不同底板组合类型模型也反映出不同的应力特征曲线,主要表现在软硬相间型底板中,在底板深度20m时,应力明显较其他两类型底板大,从模型中可以发现,主要是该处为细砂岩与泥岩的过渡带,由于处于增压区内,应力在硬质岩体细砂岩中不断积累,造成应力集中程度高;而其他两类型底板在20m处为均匀体,不存在交界面。由于应力在细砂岩内积累,所以造成了底板30m处软硬相间型底板应力小于其他两种类型底板。因此,可以表明,若底板岩层为软硬相间型组合模式,在软硬过渡地带,由于岩体弹模差异较大,易产生局部刚性效应,硬质岩体起到了刚性骨架的作用。许学汉等(1992)对煤层开采前后地应力值进行了实测,测试结果如图3-31所示,其所得结果与本书模拟所得底板应力分布特征规律一致;吴基文对不同岩性均质底板采动应力进行了研究,得到了同样的应力变化规律,即采后底板采动效应可用"1条曲线、2种区间、3个特征点"概括,其具体含义为一条采动效应特征曲线,由这一曲线划分的增压与卸压两个不同应力区间,以及卸压峰值、应力转换点和应力回归点3个特征点。

通过对不同底板组合特征模型的应力模拟结果可以说明,底板岩层建造特征不同底板

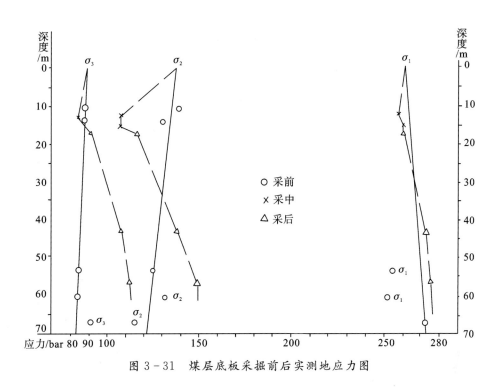

图 3-31 煤层底板采掘前后实测地应力图

采动应力存在差异,岩层组合特征显示出明显的结构效应特征。在无构造干扰条件下,底板组合结构效应对煤层底板采动效应的形成、结果与特征有着重要的决定性意义。

3) 底板采动位移特征分析

工作面回采之后,由于采空区底板处于卸压状态,因此底板产生底鼓,位移量向上且随着工作面的不断推进,底鼓量及底鼓范围也逐步扩大,不同底板组合类型模型,推进不同步距底板垂直位移特征如图 3-32~图 3-34 所示。

从位移模拟结果可以看出,工作面回采之后,顶板位移为负,底板位移为正,主要由于采空区内顶板下沉而底板卸压发生底鼓所致,且随着推进,位移量和影响范围不断增加。从不同底板组合类型模型模拟结果可以得出,底板岩层组合不同,底鼓量及范围有所差异,主要表现为底板组合类型为硬-软型时,底板底鼓量较其他两类型底板明显要小。当推进至初次来压步距时,硬-软型底板最大底鼓量为 10.4cm,软-硬-软型底板底鼓量为 12.6cm,而软硬相间型底板最大底鼓量为 13.08cm,软硬相间型底板底鼓量最大。因此可以说明,底板中硬质岩体整体刚度大,其抗变形能力强,而软质岩体容易产生变形。硬-软型底板中硬质岩体厚度大,所以其底鼓量最小;软硬相间型底板中软质岩体厚度比例最大,所以造成其底鼓量最大;而软-硬-软型底板底鼓量介于两者之间。为了研究底板底鼓量随底板深度的变化关系,对不同深度底板位移量进行了监测,监测结果如图 3-35 所示。

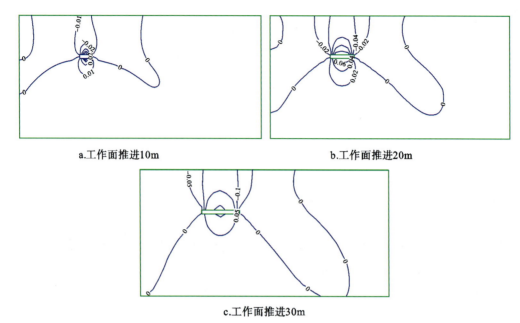

图 3-32　采深-600m 软-硬-软型底板垂向位移分布图(单位:m)

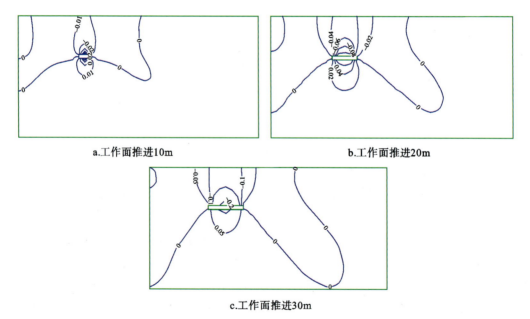

图 3-33　采深-600m 软硬相间型底板垂直位移分布图(单位:m)

从图中可以看出,3 种类型底板位移随深度变化趋势一致,即随着底板深度增加,底鼓量呈减小趋势,说明随着深度的增加,采动效应的影响范围在逐渐减弱。此外,从图中可以看出软-硬-软型底板位移曲线位于其他两类型位移曲线的中间,得出相同底板深度,硬-软

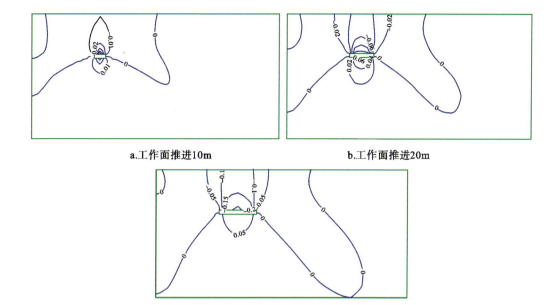

图 3-34 采深-600m 硬-软型底板垂直位移分布图(单位:m)

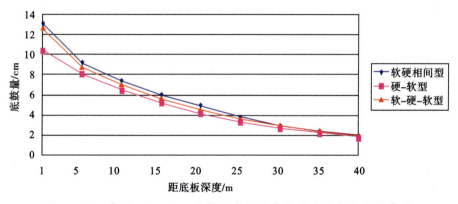

图 3-35 采深-600m 不同类型底板垂直位移随深度变化趋势图

型底板位移最小,软硬相间型位移最大。因此,通过不同类型底板位移曲线特征可以说明,底板岩层组合特征对底板底鼓量有着明显的控制作用,不同底板结构类型对底板采动效应有不同的控制特征。

为了研究煤层采深对底板采动效应的影响,对软-硬-软型底板模型在不同采深条件下,工作面推进至初次来压步距时工作面底板不同深度范围内位移量进行了监测,监测结果如图 3-36 所示。

从图中可以看出,不同采深条件下,底板底鼓量变化趋势一致,随着深度增加,不同采深底板底鼓量差值逐渐缩小。但采深-800m 条件下底板底鼓量最大值近 20cm,明显大于采深-600m 时的底板底鼓量,说明当煤层采深增大后,底板变形将增大。

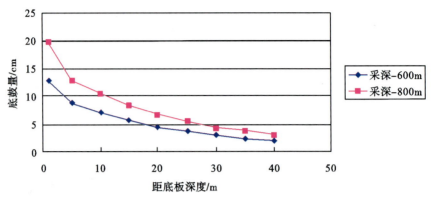

图 3-36　软-硬-软型底板不同采深底板垂直位移随深度变化趋势图

2.流固耦合条件下底板采动效应研究

上节对不同类型底板岩层组合条件下,底板采动效应进行了模拟,分析了岩层组合特征对底板采动效应的控制作用,而目前对于考虑底板流固耦合效应下,不同岩层组合特征对采动效应的影响规律还未有研究。因此,为了研究地下水渗流场对底板采动效应的影响,在前述研究基础上,在模型底板灰岩中加入承压水因素和流固耦合作用,岩层组合特征对底板采动效应的控制机理进行了深入研究。

1)底板塑性破坏特征分析

在考虑底板承压水条件下,对 3 种类型组合的底板塑性破坏特征进行了模拟,结果如图 3-37～图 3-39 所示。

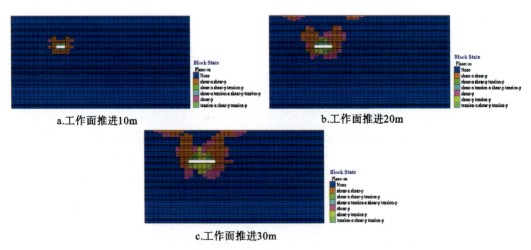

图 3-37　采深-600m 软-硬-软型底板 4MPa 水压塑性状态图

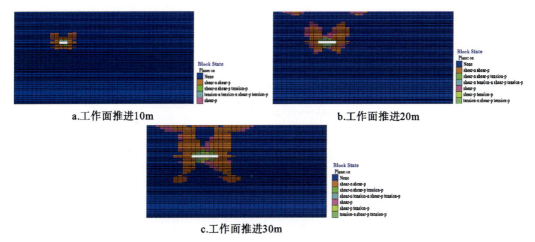

图 3-38 采深-600m 软硬相间型底板 4MPa 水压塑性状态图

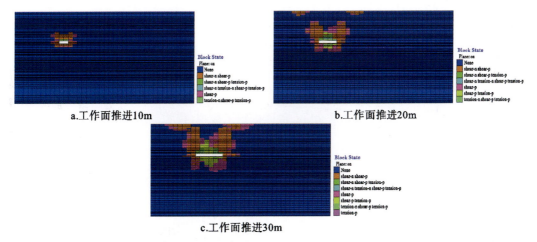

图 3-39 采深-600m 硬-软型底板 4MPa 水压塑性状态图

从底板塑性破坏图中可以看出,底板破坏规律与无水压条件相似,即随着煤层的开采,底板塑性破坏的范围与深度不断增加,且硬-软型底板塑性破坏深度最小。不同之处为,考虑底板承压水的流固耦合条件时,相同推进步距情况下,底板塑性破坏深度明显增大。以各类型底板推进至初次来压步距时的底板破坏深度为例,软-硬-软型底板最大破坏深度为17m;软硬相间型底板为18m,且在底板下方20m处软岩泥岩中出现局部塑性破坏;硬-软型底板塑性破坏最大深度为15m。将两种不同条件下的不同推进步距、底板最大破坏深度进行比较,结果如表 3-5 所示。从表中可以看出,考虑底板承压水作用时,煤层底板塑性破坏深度将不同程度增大,增幅上硬-软型底板最小。

表 3-5 不同条件下底板破坏深度对比表

底板组合类型	破坏深度/m					
	推进10m		推进20m		推进30m	
	有水压	无水压	有水压	无水压	有水压	无水压
软-硬-软型	6	4	12	7	17	11
软硬相间型	6	4	11	7	18	11
硬-软型	4	3	10	6	15	10

不同条件下,底板破坏在底板延伸方向上有所不同。考虑在流固耦合情况下,底板塑性破坏在工作面前方沿与垂直方向呈约60°方向传播,在工作面后方破坏延伸方向与垂直方向夹角约15°。

此外,从不同底板厚度模型中可以看出,底板隔水层厚度越大,底板深部原位张裂带发育高度及范围越小。同样条件下(−600m采深、4MPa水压),隔水层厚60m时,深部不出现原位张裂带,而隔水层厚度35m时,深部出现原位张裂带;同样条件下(−600m采深、5MPa水压),隔水层厚45m,深部出现原位张裂带,而在厚35m条件下原位张裂带已产生了进一步的向上导升现象。

2)底板采动应力特征分析

在流固耦合条件下,底板采动应力 σ_{xx} 特征进行了模拟,模拟结果如图 3-40～图 3-42 所示。

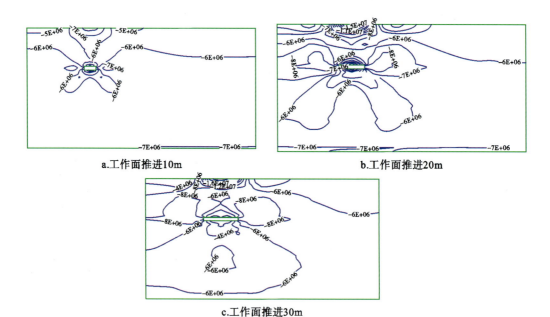

图 3-40 采深−600m 软-硬-软型底板 4MPa 水压条件下 σ_{xx} 应力分布图(单位:Pa)

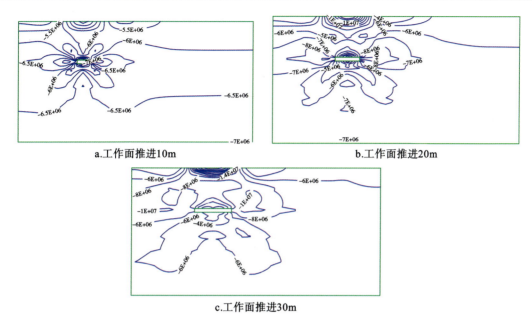

图 3-41 采深-600m 软硬相间型底板 4MPa 水压条件下 σ_{xx} 应力分布图（单位：Pa）

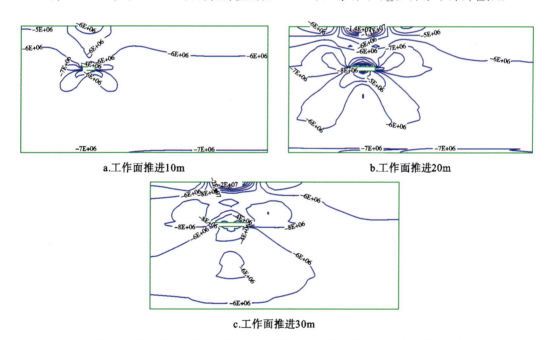

图 3-42 采深-600m 硬-软型底板 4MPa 水压条件下 σ_{xx} 应力分布图（单位：Pa）

从考虑煤层底板流固耦合条件下底板采动应力分布图中可以看出，与之前未考虑底板水压条件的应力分布情况存在明显的差异，说明地下水渗流场对底板采动效应有明显的控制作用。在流固耦合条件下，采动应力的变化主要表现在采后底板卸压范围明显增大，且应力集中系数减小。同样以硬-软型底板工作面推进30m时，以工作面两端应力集中程度为例,最大集中应力为10MPa,应力集中系数较未考虑底板水条件下的2.0减小为1.67;而软-硬-软型底板应力集中系数由1.67减小为1.33,说明由于底板承压水扬水压力的存在造成采动应力的减弱。为了分析流固耦合条件下采动应力的具体分布特征,对3种类型底板当工作面推进至30m时的采动应力进行了跟踪监测,并与不考虑水压条件下底板应力分布进行了比较,结果如图3-43所示。

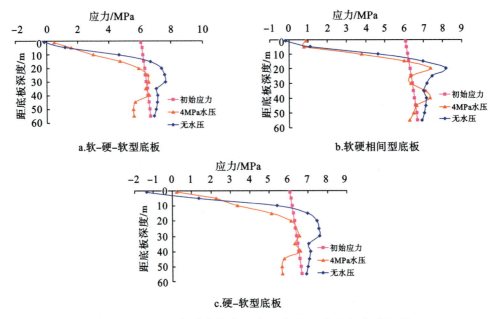

图3-43 不同类型底板有无水压条件下应力分布对比图

从对比图中可以看出,当考虑底板承压水条件时,应力曲线形态与无水压时基本一致,但直接底板卸荷程度较无水压时变小,且不同类型底板应力转换点位置的深度发生了变化,与无水压相比,应力转换点深度向下发展,以硬-软型底板为例,应力转换点深度由不考虑水压的12m增大到21m。如前所述,应力转换点代表了底板应力由卸荷区向增压区的过渡位置,转换点深度越大说明采动后卸荷范围越大,采动效应的影响范围越大。因此,底板承压水的存在,增大了采动影响范围。

此外,不考虑底板水条件时,应力在卸荷区以下,逐渐过渡为增压区,当存在底板承压水时,增压现象明显减弱,软-硬-软型底板及硬-软型底板应力基本与初始状态相似,增压现象消失,仅软硬相间型底板局部存在增压现象,但增压幅度与无水压时相比明显变小。

在无水压条件下,增压区内随深度增加,应力逐渐向初始应力状态靠拢,最终与初始应力合并,但存在水压条件下,当到达一定深度后,应力逐渐远离初始应力曲线,且较初始应力明显变小。底板增压区的存在,在一定程度上有利于底板的阻水,反之卸压区内由于应力的减小则不利于底板的阻水,底板承压水可能沿着卸压薄弱地带逐渐导升,形成突水。因此,可以得出,底板承压水的存在,造成煤层底板深部内形成明显的卸压区,不利于底板的阻水,同时也进一步说明了流固耦合条件对底板采动效应的控制作用。为了研究承压水水压对采动应力特征的影响,在不同水压条件下对底板采动应力进行了监测。本次模拟以软硬相间型底板为例,分别对底板承压水水压 4MPa、5MPa 条件下的应力分布差异进行分析对比,对比结果如图 3-44 所示。

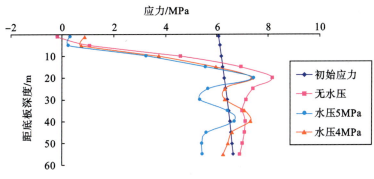

图 3-44 不同承压水条件底板采动应力分布对比图

从图 3-44 中可以看出,在 4MPa、5MPa 水压条件下,采动应力曲线形态特征相同,均为在直接底板范围内形成卸压区,随深度增加出现局部增压区,当达到一定深度后再度形成底板深部的卸压区。但不同承压水条件下,底板中第一应力转换点深度有所不同,主要表现在以下几个方面。

(1)5MPa 水压条件下,应力转换点深度大于 4MPa 条件下的深度,说明水压增大,使得直接底板卸荷范围增大。

(2)4MPa 条件下,底板深度 25～30m 范围内应力与初始状态一致,但 5MPa 条件下,相应深度的应力明显小于初始应力,即产生了明显的卸压范围。

(3)4MPa 条件下,底板 45～50m 范围内为增压区,而在水压增至 5MPa 时,与初始应力一致,即相应深度内的增压区消失。

(4)4MPa 条件下,深部卸荷转换点深度为 45m,而水压为 5MPa 时,该深度提升至 40m,即卸荷区范围增大,同时卸荷程度较 4MPa 水压条件下明显增大,由 4MPa 条件下,6.26MPa 减小为 5.44MPa,卸荷幅度增加 12.3%。

因此,可以得出,当底板承压水水压增大时,直接底板与深部底板卸荷范围都会随之增大,且底板深部卸荷程度增幅最大,底板突水风险性随底板承压水水压的增大而增大。因此,底板承压水水压的大小对底板采动效应也有明显的控制作用。

从 3 种类型底板有无水压条件下应力在底板中的分布规律可以看出,底板组合类型不同,应力转换点深度变化不同。其中软硬相间型底板应力转换点深度调整幅度最小,硬-软型底板调整幅度最大,说明存在水压影响下,软硬相间型底板受水压影响程度最小,而硬-软型受影响最大;煤层底板深部卸压转换点位置在软硬相间型底板模型中最深,即为 45m,而其他两类型底板深部卸荷转换点位置深度为 40m,也即软硬相间型深部卸压影响范围小。

综上所述,可以得出在同等条件下,软硬相间型底板突水风险较其他两类型底板小。同时也进一步说明了岩层组合特征对底板采动效应的控制作用。对比 3 种类型底板岩层组合特征可以看出,软硬相间型底板与其他两类底板最大区别在于粉砂岩之上有一层 10m 厚的泥岩,造成该类底板采动效应与其他两类底板采动效应明显差异的关键因素为泥岩。因此,煤层底板中一定深度范围内存在相对软质岩体时,对提升整体阻水能力有积极的作用。

3) 底板采动围岩渗透性特征分析

对不同底板岩层组合特征进行模拟,受采动影响后围岩渗透性变化特征进行分析,研究岩层组合特征对围岩渗透性变化的控制影响作用。利用软件中单元额外变量,将岩体采后渗透系数及孔隙度与初始状态比值通过额外变量输出。本书以底板承压水水压固定 5MPa 为例,对 3 种不同类型模型在采动影响下的围岩渗透性变化情况进行分析,并得其比值云图,如图 3-45~图 3-47 所示。

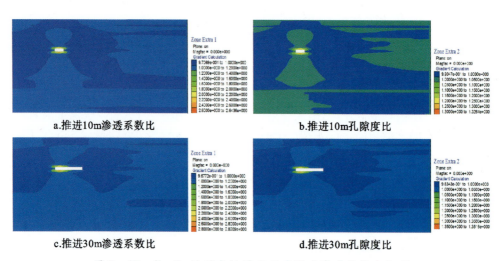

a. 推进10m渗透系数比　　　　b. 推进10m孔隙度比

c. 推进30m渗透系数比　　　　d. 推进30m孔隙度比

图 3-45　软-硬-软型底板煤层开采围岩渗透性能变化图

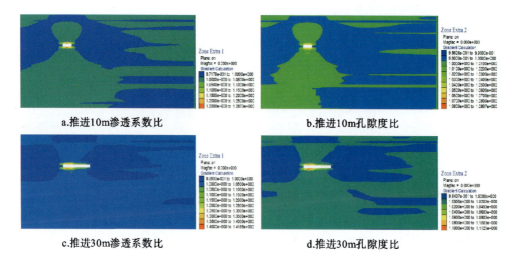

a. 推进10m渗透系数比　　　　b. 推进10m孔隙度比

c. 推进30m渗透系数比　　　　d. 推进30m孔隙度比

图 3-46　软硬相间型底板煤层开采围岩渗透性能变化图

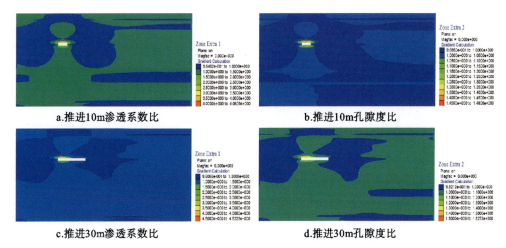

图 3-47 硬-软型底板煤层开采围岩渗透性能变化图

从不同底板岩层组合类型模型、煤层回采后围岩渗透系数及孔隙度与初始状态比值云图中可以看出,同一类型底板组合特征条件下,随着工作面的回采,围岩渗透性能不断增加,反映出采动影响范围的不断扩大;底板岩层组合类型不同,在相同推进步距条件下,煤层开采后围岩渗透性能变化不同。

以工作面推进至顶板初次来压步距 30m 为例,软-硬-软型底板模型煤层开采后,围岩渗透系数倍数最大提高到 2.82 倍,孔隙度提高到 1.35 倍,如图 3-45c、d 所示;软硬相间型底板模型中,煤层回采后围岩渗透系数最大提高到 1.41 倍,孔隙度提高到 1.11 倍,如图 3-46c、d 所示;硬-软型底板模型围岩渗透系数最大提高到 4.52 倍,孔隙度最大提高到 1.52 倍,如图 3-47c、d 所示,不同底板组合对比结果如图 3-48 所示。

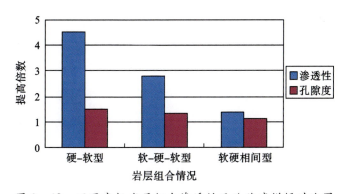

图 3-48 不同底板岩层组合渗透性及孔隙度增幅对比图

通过对比可以看出,硬-软型底板在煤层开采后围岩渗透性能增幅最大,而软硬相间型底板,围岩渗透性能增幅最小,软-硬-软型底板介于二者之间,反映出底板岩层组合特征对煤层底板采动效应的控制作用。

由 3 种不同类型底板组合特征的模型可以得出,硬-软型直接底板为硬质类砂岩,而其他两类模型直接底板均有软质泥岩,当工作面回采后,由前述采后应力特征可知,硬质砂岩底板卸荷程度较软质泥岩明显增大,且硬质岩体性脆,受卸荷影响裂隙大量发育,所以造成其渗透性能大幅提高;而软质泥岩由于煤层开采后卸荷程度小且其自身韧性较好,裂隙发育程度相对较弱,所以其渗透性能提升幅度明显小于砂岩。

软硬相间型底板模型中,煤层采后其围岩渗透性能增幅最小,所以从底板突水角度考虑,该类型底板岩层组合特征相对其他两类底板更有利于底板阻水,而硬-软型底板采后围岩渗透性能增幅最大,所以不利于阻水。因此,从围岩渗透性能变化角度出发,与前述煤层采后底板应力分布特征分析所得结果相比,二者得到的结果是一致的,即软硬相间型底板组合类型对阻水最为有利,而硬-软型最差,即从不同角度验证了数值模拟结果的一致性。

第四节　本章小结

(1)通过对流固耦合条件下完整层状结构底板采动效应的研究,得出考虑底板水压情况下,煤层开采后底板采动破坏深度及破坏形态与不考虑底板水压时有较大差异。在流固耦合条件下,底板破坏深度更大,底板隔水层厚度一定,底板深部承压含水层水压越大,底板破坏范围及原位张裂破坏范围越大,底板突水危险性也越高。

(2)矿井进入深部开采后,在深部高地应力及高底板水压耦合作用下,工作面回采之后,在含水层顶部会出现原位张裂带,受采动影响,原位张裂带会进一步形成向上扩展的递进导升带;底板隔水层厚度越大,不利于底板深部原位张裂带的发育。

(3)通过研究揭示了矿井深部开采,在流固耦合条件下底板采动突水机理,即底板突水这一过程可概括为原位张裂的萌生—原位张裂带与承压含水层沟通—原位采动导升带的发育—采动破坏带与递进导升带连通。这亦是流固耦合条件下,工作面回采后底板突水机理。

(4)通过对不同岩层组合特征底板的采动效应研究得出,采后底板采动效应可用"1 条曲线、2 种区间、3 个特征点"概括,其具体含义为一条采动效应特征曲线,由这一曲线划分的增压与卸压两个不同应力区间,以及卸压峰值、应力转换点和应力回归点 3 个特征点;岩层组合关系不同,底板在工作面回采后破坏特征存在差异,若直接底板为硬质岩体则底板破坏深度相对较小。此外,应力曲线也存在一定的差异,主要表现在底板组合为硬-软型时,煤层直接底板的卸压程度明显大于其他两类底板。

第四章 深部非完整结构底板流固耦合采动效应研究

由于淮北矿区所处的独特地质构造单元及其煤田形成后所经历的多期构造运动,造成矿区内部地质构造程度整体较为复杂,矿区内褶曲、断裂、陷落柱等构造普遍发育。因此,矿区煤层底板受构造作用的影响,其原有的完整形态被破坏,造成了底板结构的不完整性,尤其是断裂及陷落柱构造,在矿井生产过程中普遍揭露,对矿井安全高效生产造成了一定的影响。为此,开展含有断裂及陷落柱结构的底板采动效应研究,对揭示矿区深部煤层开采过程中底板突水机理具有重要的理论与现实意义。

第一节 含断裂结构底板流固耦合条件下采动效应研究

一、含裂隙底板采动效应研究

裂隙是指在平面内延展长度小、断距不大的小型地质构造,裂隙对煤层的影响随其距煤层距离的增加而减弱,一般情况下,当距离超过50m后,其影响可以忽略。假设裂隙距煤层底板距离为h_0,如图4-1所示。若h_0大于底板采动破坏带深度,且裂隙初始状态不导水时,煤层底板隔水关键层的隔水性能主要取决于裂隙受采动影响后性质的变化;若裂隙为导水裂隙,则底板隔水关键层的厚度必须减去断层带的垂向高度;若h_0小于底板采动破坏带高度,则在采动应力与承压水共同作用下,裂隙会成为导水通道,造成工作面突水。

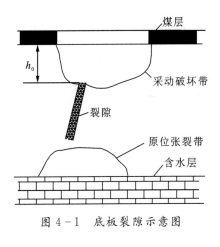

图4-1 底板裂隙示意图

(一)模型的建立

底板裂隙模型如图4-2所示,模型尺寸为长200m,宽250m,高100m,共计158 000个单元,其中裂隙距煤层底板的垂直距离为25m,距底部含水层距离为10m。本次模拟对煤层不同采深及底板水压条件下,裂隙受采动影响至底板突水这一过程进行了模拟分析,对深部高地应力及高承压水压条件下,底板裂隙诱发工作底板突水机理进行探讨。

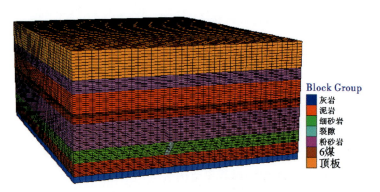

图4-2 底板裂隙数值模型图

(二)模型结果分析

裂隙受采动影响,底板突水过程如图4-3所示。

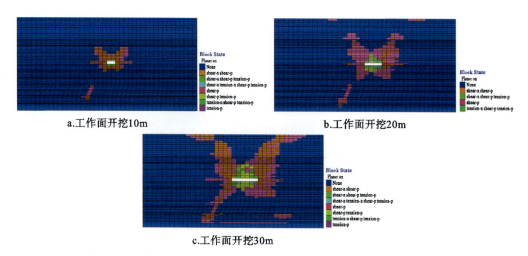

a.工作面开挖10m   b.工作面开挖20m

c.工作面开挖30m

图4-3 煤层采深-600m承压水压5MPa底板塑性破坏特征图

从图中可以直观地反映出,底板中存在裂隙时,在流固耦合共同作用下,裂隙沟通含水层与底板采动破坏带,导致底板突水这一过程。底板突水过程大致分为以下3个阶段。

(1)裂隙剪切破坏阶段:当工作面初次开挖时,裂隙即发生了剪切破坏。此阶段主要表现为,在采动应力及底板水压共同作用下,裂隙整体发生了明显塑性破坏,且以剪切破坏为主,同时裂隙出现了沿垂向方向的延伸发展。如图4-3a所示,在裂隙底部及顶部分别出现了高度为4m及2m的垂直破坏,裂隙底部的破坏缩短了裂隙与承压含水层的距离,而顶部的破坏使煤层底板有效隔水层厚度较小。

(2)剪切破坏区扩展阶段:随着工作继续推进,当工作面开挖20m时,在采动应力的作用下,底板采动破坏带范围及深度进一步增加,特别是在工作面两端煤壁处,由于支承压力及采空区一侧的卸压区之间形成强烈的应力变化带,导致煤壁深处破坏明显加剧;而此时裂隙活化范围及程度发生了明显的提升,主要表现在其顶、底部的剪切扩展带高度进一步增加,顶部剪切破坏带高度由原来的2m增大至5m,底部破坏由原来的4m增大至6m,如图4-3b所示。此外,在近裂隙底部破坏带附近产生了原位张裂带,高度在8m左右。此时,原位张裂带尚未与底板承压含水层沟通,二者之间有厚1m左右的完整岩层,裂隙顶部扩展带也未与底板采动破坏带相沟通。此阶段裂隙带剪切破坏范围虽产生了明显的扩大,但仍未形成有效的底板突水通道。

(3)突水通道形成阶段:当工作面推进至初次来压步距30m时,在采动应力及底板水压共同作用下,底板形成了明显的突水通道,如图4-3c所示。在工作面推进过程中,底板采动破坏带进一步增加,与此同时,裂隙剪切破坏区的范围也在进一步的增大,最终裂隙顶部扩展破坏带与底板破坏带相沟通,而裂隙底部扩展带也进一步向下延伸,与底板承压含水层相沟通。因此,煤层底板中无有效隔水层,煤层底板深部的承压水沿着裂隙剪切破坏区,通过底板采动破坏带最终进入工作面底板。此外,与完整结构底板对比可以看出,当底板厚度和采深相同,且底板存在裂隙时更容易发生工作面底板出水,揭示了底板出水与底板结构密切相关。

当煤层埋深增大至-800m,底板承压水水压为6MPa时,裂隙受采动影响,底板突水过程如图4-4所示。

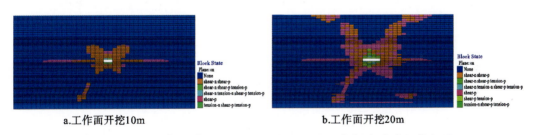

图4-4 煤层采深-800m承压水水压6MPa底板塑性破坏特征图

从图4-4中可以看出,当煤层开采深度与底板承压水水压增加时,受采动影响,底板裂隙诱发工作面突水过程发生了明显的变化。当工作面初次开挖10m时,由于采深增加,底板采动破坏带深度与-600m采深相比增加了4m,如图4-4a所示。同时裂隙带剪切破坏扩展范围也进一步增大,在裂隙底部及顶部分别出现了高度为5m及3m的垂直破坏,同时在裂隙扩展区附近出现了高度7m左右的原位张裂带。随着工作面的继续开采,当工作面推进至20m时,底板采动破坏带进一步增大,与裂隙带上部的垂直裂隙扩展带相沟通,同时裂隙下部塑性破坏深度增加,通过原位采动导升带与底部承压含水层相沟通,形成了明显的突水通道。

通过对含裂隙结构底板的采动效应模拟可以得出,当工作面形成之后,在采动应力与底板承压水压共同作用下,裂隙带经历了剪切破坏、剪切破坏区扩展、贯通为导水通道3个主要过程,揭示了该结构类型底板流固耦合突水机理。研究结果表明,底板突水是由于裂隙在采动作用下,产生向上及向下的剪切破坏扩展带,该剪切带上部与煤层底板采动破坏带不断接近,而下部与原位张裂带连通且不断与底板承压含水层接近,最终裂隙剪切破坏带使底板采动破坏带与底部含水层连通形成突水通道。

此外,从模拟结果中可以看出,当开采条件发生变化时,底板突水过程也有所差异,主要表现在:当煤层开采水平增加,其相应底板水压也随之增大,在矿井深部高地应力及水压共同影响下,底板突水风险进一步增大。在煤层采深−600m、底部水压5MPa条件下,工作推进至顶板初次来压步距30m时,底板中才形成了突水通道;而当采深增大至−800m、底板水压达到6MPa时,工作面再推进至20m,底板中即形成了突水通道,造成了突水提前。以上说明,随着矿井向深部开采,底板中裂隙构造诱发工作面底板突水的风险与浅部相比也进一步增大,因此特别需要对底板中裂隙发育部位进行探查与处理。

对底板裂隙诱发工作面底板突水机理,有关学者也进行过相关研究。以往所建的模型中,裂隙下部直接与含水层相连接,裂隙在采动影响下,其剪切破坏区仅向上部不断与底板采动破坏带靠近,而裂隙下部不再向下发展,底板形成突水通道的条件为底板采动破坏带与向上发展的裂隙活化区相连通,且多数从定性和宏观方面反映突水通道的形成。通过本节的分析可以看出,存在裂隙构造的底板,在采动影响下形成突水通道的过程为裂隙剪切破坏区同时向上、下两个方向扩展,且能够定量地分析其扩展高度,而以往研究忽略了原位张裂带的存在及采动后导升的发展过程,单纯考虑裂隙向上塑性扩展区,与实际情况有一定差别。因此,本节所揭示的底板突水机理更符合实际。

二、底板含切穿煤层断层采动效应研究

在矿井生产过程中,除了底板中的微小裂隙构造外,还经常遇到切割煤层的断层,该种条件下会使煤层与含水层之间的距离缩短,煤层底板有效隔水层厚度也相应减小,如图4-5所示。当断层落差较大时甚至会出现煤层与含水层直接连接的现象,如淮北矿区桃园煤矿F_2断层的存在导致煤系地层与下伏奥灰强含水层产生直接对接,对煤层开采造成了严重安全威胁。因此,开展此类断层在采动影响下的活化过程,对揭示该类结构底板在流固耦合作用下的突水机理有重要的意义。

(一)断层活化突水演化过程

自然状态下的非导水断层在采动影响下,打破了原有的应力平衡状态,受底板高承压水的劈裂渗透作用,在断裂带附近产生了原位的张裂区;随着采动扰动程度的加深,原位张裂区形成新的采动导升带,其范围进一步扩大,同时底板采动裂隙区范围也增大,水压力与采

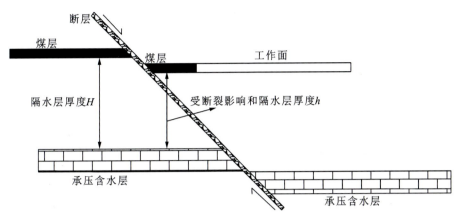

图 4-5　断裂缩短隔水层厚度示意图

动应力耦合作用下,断层带发生活化,导致其渗透性发生明显改变,底部承压水沿断层带进入采动导升带与底板采动裂隙区相沟通,如图 4-6 所示,则断层由初始的不导水状态转变为导水断层,导致工作面底板突水。

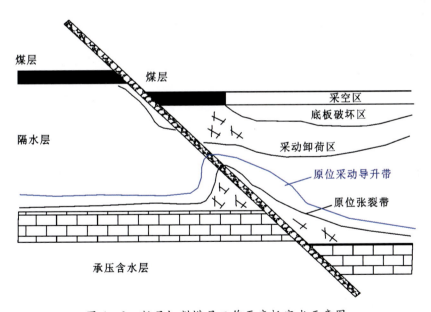

图 4-6　断层切割煤层工作面底板突水示意图

隔水层底部充水裂隙带的存在对底板发生突水起着关键的作用,该裂隙带的存在缩短了含水层与底板之间的有效隔水层厚度,且随着采动加深,可能出现进一步地导升。因此,在底板突水机理研究中需要对该因素进行特别考虑。对于含水层顶面充水裂隙带的存在及其发育高度,已有学者在各个矿区实测资料中得到了验证。山东矿业学院李白英等(1986)

通过对开滦赵各庄煤矿100多个钻孔资料的统计分析,得出含水层顶面充水裂隙带高度在5m左右,而存在断层情况下,近断层带裂隙带高度较正常,在10m左右。王经明(1999)经实测得出,在承压水水压为2.5MPa含水层顶面上发育有2m高的原位充水带;胡耀青(2003)在太原东山煤矿经实测得出,在水压为8MPa的奥灰含水层上方的铝质泥岩中发育有高度在5.8~10.5m之间的裂隙充水面。以往在断层活化诱发工作面突水机理研究上,有学者提出了对底板原位张裂带及采动导升带的考虑,但仅为宏观定性评价,而对原位张裂的产生及原位采动导升带的动态发育过程无系统的研究(徐德金,2012)。因此,本节将通过数值模拟对断裂诱发工作面底板突水流固耦合机理进行研究,并分析矿井进入深部开采后断裂诱发底板突水过程与浅部存在的差异。

(二) 断层活化突水力学机制

断层带导水性具有空间上的不均一性,具有活化可能性的断层往往不会是整个断层带内都具有含水性,而是仅在某一富水性较好的含水层范围内断层带为赋水,或是在断层带原始导升带内赋水(许进鹏,2012)。断层能否活化导水的关键在于断层带渗透性的大小,而渗透性大小取决于断层的张开度。夏才初(2002)指出,原始状态下,地下水压力 P 与断层面法向应力 σ 处于平衡状态,即 $P=\sigma$,当受采动影响该平衡被打破后,断层带的张开度即发生变化,根据太沙基原理可知,断层面上的有效应力 $q=P-\sigma$,断层张开度增大量为:

$$\Delta e = \frac{4(1-\nu^2)}{E}(P-\sigma)a \quad (4-1)$$

式中,Δe 为断层张开度增量;E 为岩体弹性模量;ν 为泊松比;a 为断层长度。

根据裂隙介质水动力学相关研究可知,断层的渗透系数可表示:

$$K_f = \frac{ge^2}{12\mu} \quad (4-2)$$

式中,e 为节理张开度;μ 为黏滞系数;g 为重力加速度。

将式(4-1)代入式(4-2)中可得:

$$K_f = \frac{g}{12\mu E}[eE + 4a(1-\nu^2)(P-\sigma)]^2 \quad (4-3)$$

从式(4-1)和式(4-3)中可以看出,当 $P>\sigma$ 时,$\Delta e>0$,断层渗透性增大,$P>\sigma$ 是断层活化导水的必要条件。

当工作面回采之后,在工作面范围内形成新的扰动应力场,会在煤壁前方形成附加应力,若断层面上切应力大于断层面的抗剪强度,则断层会发生错动活化现象。如图4-7所示,当煤柱宽度为 a,采动峰值应力传播角为 β,与倾角为 α 的断层交于 A 点,z 为交点距煤层底板的深度,以煤壁前方弹性区长度 X_3 为底的三角形面积 S:

$$S = \frac{1}{2}X_3 z = \frac{X_3^2 \sin\alpha \sin(90°-\beta)}{2\sin(\alpha+90°-\beta)} \quad (4-4)$$

式中,$X_3 = a - X_g$,代入式(4-4),则可得出:

$$z = \frac{\sin\alpha \cos\beta}{\cos(\alpha-\beta)}(a - X_g) \tag{4-5}$$

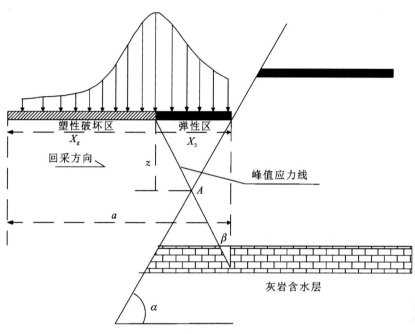

图 4-7　断层导水示意图(据夏才初,2002)

受采动影响,煤壁内支承压力沿煤层底板峰值应力方向向下传递,底板岩体处于受压状态,峰值应力线与断层之间的岩体未遭压缩破坏仍有初始的阻水能力;而在工作面后方,底板岩体由受压状态逐渐转变为卸压膨胀状态,底板岩体破坏失去了阻隔水能力,则可能发育为新的导水通道。因此,可以认为断层活化导水的充分条件为,煤层底板采动破坏深度不大于峰值应力线与断层交点的深度 z 值。

(三)含断层底板采动效应数值模拟分析

本次模拟对煤层不同采深及底板水压条件下,断层受采动影响活化至底板突水这一过程进行了模拟分析,对深部高地应力及高承压水压条件下,存在切穿煤层的工作底板突水机理进行了探讨。此外,还从岩体采动应力及位移两个方面对断层带采动效应控制作用进行了分析。

1.模型的建立

根据断层诱发工作面底板突水的实际资料,造成底板突水的断层一般以正断层为主。本次模拟建立模型为正断层模型,工作面含切穿煤层正断层模型如图 4-8 所示,模型尺寸为长 250m,宽 250m,高 100m,共 305 000 个单元,其中断层倾角 60°,断距为 10m。

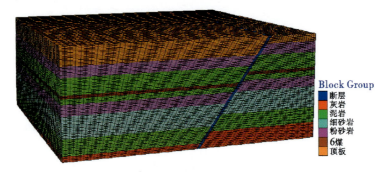

图 4-8 断层切穿煤层数值模型图

2.底板塑性特征分析

图 4-9 为采动影响下,断层活化在底板内形成突水通道过程中具有代表性的几个步骤。

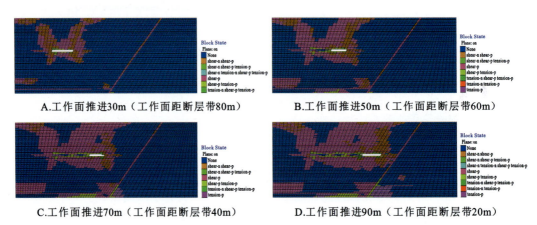

图 4-9 煤层采深-600m 承压水压 5MPa 底板塑性破坏特征图

从图 4-9 中可以看出,由于断层带充填物经历了揉皱、挤压,造成其力学性质明显减弱,当工作面初次开挖时,断层带即发生了剪切破坏,随着工作面的不断推进,当工作面开挖至顶板初次来压步距 30m 时,底板采动破坏带进一步增大至 16m,同时在底板深部出现了原位张裂带,高度在 8m 左右,在近断层带附近原位张裂带与断层带连接,且与底部承压含水层相连通,而开切眼下方的原位张裂带发展方向为由上至下,尚未与底部含水层连通;当工作面推进至 50m 时,底板采动破坏带深度增大至 18m,同时底板原位张裂区范围进一步扩大,当工作面推进至 70m,底板采动破坏深度稳定在 20m 不再增加,断层带底部由于承压水的渗透作用,由原来的剪切破坏变为拉张破坏,说明断层发生了明显的活化,有利于承压水的流动。但此时底板采动破坏带尚未与断层带发生连通,未形成直接的突水通道;当工作面继续推进至 90m,工作面距断层带水平距离为 20m,此时煤层底板采动破坏带前段已伸入到断层带,如图 4-9 所示,底部承压水沿断层活化区通过底板采动裂隙带进入工作面形成突水事故。

煤柱采动塑性区宽度 X_g 根据 Wilson 修正公式进行计算,公式如下:
$$X_g = 0.05 \cdot M \cdot H \tag{4-6}$$
式中,M 为煤层厚度(m);H 为煤层采深(m);计算值为 9m;模型中断层倾角 α 为 60°,峰值应力传递角 β 取 30°,当煤柱宽度 a 为 40m(工作面推进 70m)时,根据式(4-5),计算得 z 值为 26.8m,而底板采动破坏带深度 h 为 20m,则不具有活化突水危险性;而当煤柱宽度 a 为 20m(工作面推进 90m)时,z 值为 9.5m 小于 h,因此断层可能发生活化突水。因此,通过计算可以看出,数值模拟结果与解析法所得结果能够较好地吻合,验证了数值模拟结果的合理性。

此外,在模拟过程中,底板渗流场的变化进行了分析,不同开采阶段,工作面底板渗流场特征如图 4-10 所示。

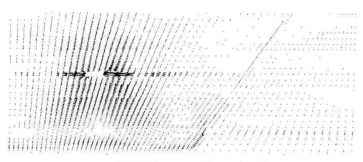

a.工作面推进30m（工作面距断层带80m）

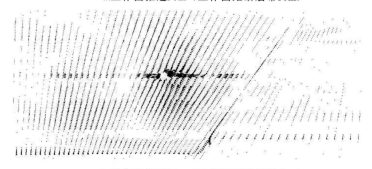

b.工作面推进70m（工作面距断层带40m）

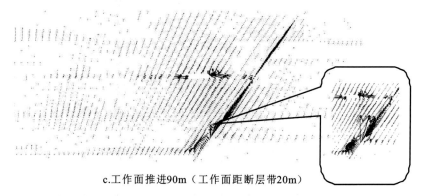

c.工作面推进90m（工作面距断层带20m）

图 4-10　煤层采深-600m 承压水水压 5MPa 不同开挖步距底板渗流场示意图

在渗流场图中,箭头大小代表了径流速度大小,箭头方向即为渗流场方向。从不同开挖步距底板渗流场特征图中可以看出,底板渗流场的方向与断层扩展方向相同,流场范围与裂隙发育区基本一致。当工作面初次开挖 10m,由于断层活化区相对较少,且底板采动裂隙不发育,煤层底板中渗流仅在采空区附近略有优势。随着工作面的不断推进,断层带活化区范围及底板采动破坏深度有了进一步的增大,底板承压水经断层活化区渗入到底板裂隙区,流向采场,当推进至 70m 时,近断层带附近底板岩体中渗流速度较之前有了明显的增大,且其方向为从断层带流向采空区底板,如图 4-10b 所示,但此时仍未形成直接的突水通道,仅在采场底板中渗流;当工作面推进至 90m,距断层带距离为 20m 时,如前述分析,由于断层带活化区充分扩展,并与底板采动裂隙区相沟通,断层带内地下水渗流速度显著增大,如图 4-10c 所示,说明此时突水通道完全形成,在断层带内形成了较强的渗流,底部承压水沿底板中连通的裂隙不断渗透,并在势能的作用下渗入采场,从而造成底板突水。

当开采条件发生变化,煤层采深增加至 800m,底板水压增大至 6MPa 时,对断层诱发工作面底板突水过程进行了模拟,同样选取有代表性的几个开挖步距进行分析,结果如图 4-11 所示。

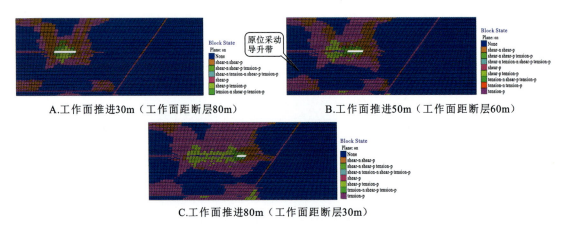

图 4-11 煤层采深-800m 承压水水压 6MPa 底板塑性破坏特征图

从图 4-11 中可以看出,当采深与底板水压增加后,底板采动效应初显了一定的差异,主要表现在采深与底板水压增加后,当工作面推进至顶板初次来压步距 30m 时,底板最大破坏深度由采深-600m 时的 16m 增大至 20m,且断层带附近原位张裂区范围也有所增大,随着工作面继续开采,当推进至 50m 时,底板最大破坏深度增大至 22m,同时原位张裂区在采动应力与地下水压共同作用下出现了 6m 左右的原位采动导升带,进一步缩短了底板采动裂隙带与原位张裂带之间的有效距离;随着工作面继续推进,当推进 80m 时,煤层底板超前裂隙带已与断裂带相沟通,形成突水通道。

从不同开挖步距底板渗流场图(图 4-12)中可以看出,随着工作面的不断推进,底板采动裂隙范围逐步扩大,底板中渗流场径流强度有所增加,径流方向与裂隙扩展方向一致。当工作面推进至 80m 时（工作面距断层带 30m），如图 4-12c 所示，采空区底板渗流场与之前相比发生了明显的变化，主要表现在断层带体内及其附近岩体渗透性显著增强，承压水渗透方向指向采动区底板。与底板塑性状态图对比可以发现，该渗透性增强带正好与近断层带附近原位采动导升带发育位置相吻合，说明在采动应力与底板承压水压力耦合作用下，导致该区域内裂隙发育、扩展，底板中承压水通过断层活化区进入原位采动导升带，在水力劈裂作用下最终进入采动卸荷区，形成突水通道。

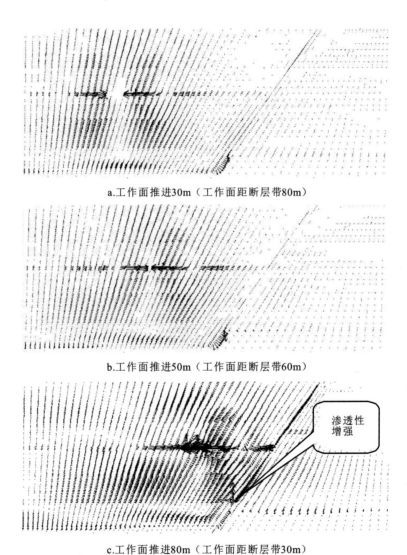

a.工作面推进30m（工作面距断层带80m）

b.工作面推进50m（工作面距断层带60m）

c.工作面推进80m（工作面距断层带30m）

图 4-12　煤层采深-800m 承压水水压 6MPa 不同开挖步距底板渗流场示意图

从对底板渗流场特征的分析可以看出，底板承压水水压为 5MPa，当最终形成突水通道后，渗透性增强带主要集中在断层带体内部及近断层带原位张裂区，承压水突水路径，主要是通过断层带内活化区进入底板采动裂隙带;当进入深部后,底板承压水增大为6MPa,底板发生突水时,渗透性增强带主要集中在原位采动导升带岩体范围内,断层带内渗透性较初期也有所增强,底板承压水主要是沿原位采动导升带上升到底板采动裂隙带内,形成突水。

通过对比可以看出,当煤层采深与相应底板水压增大后,断层活化导致工作面底板突水的风险增大,采深−600m时,工作面距断层20m才形成突水通道,而当采深增大至−800m时,当二者相距30m即形成了突水通道。此外,当采深增大后,由于底部承压水水压也相应增大,煤层底板深部原位张裂带在原有的基础上,受采动应力与水压耦合作用,突破了底板隔水关键层,产生了向上的原位采动导升带,造成底板有效隔水层厚度的减小,在高承压水劈裂作用下,当有效隔水层厚度较薄时,可以使承压水沿底板原位采动导升带进入底板采动裂隙带形成突水通道。因此,当矿井进入深部开采后,底板中存在切割煤层的断层时,深部承压水除了沿断层带活化区通过底板采动裂隙区进入工作面外,还可能沿由原位采动导升带形成的裂隙扩展区通过底板采动裂隙区进入工作面底板,而且当底板承压水水压较大时,后一种通道距离工作面更短,所以沿该通道形成底板突水的概率更大。断层诱发底板突水两种不同路径如图4−13所示。

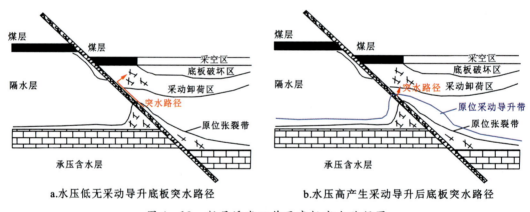

图4−13 断层诱发工作面底板突水路径图

通过以上分析可以得出,数值模拟验证了含水层顶部原位张裂带的存在,原位张裂带发育高度及范围与底板承压水水压有明显的关系,含水层水压越大,原位张裂带发育高度越高。数值模拟揭示了断裂构造活化致灾的过程,即在初始状态下,底板渗流场与围岩应力场处于平衡状态,当工作面形成后,围岩应力场进行重新分布,打破了原有的平衡状态,底板渗流场也发生了变化,形成了断层带活化的基本条件。在之后工作面开采扰动下,含水层中高承压水对断层带活化区进行水力劈裂作用,使裂隙进一步扩展,当底板采动裂隙带与断层活化区或原位采动导升带连通时,即形成突水通道。

当矿井进入深部开采后,由于地应力及底板水压的增大,底板采动效应更加剧烈,含水层顶部的原位张裂带,在采动应力场及渗流场耦合作用下出现原位采动导升带,造成原位裂隙进一步扩展,底板采动破坏带较浅部也有所增大,随着采动二者逐渐靠近,最终相互连通,形成突水通道。原位采动导升带的形成与底板承压水水压大小关系密切，只有当水压达到一定值时，底板承压水才能够克服其上部的隔水关键层形成向上的导升。因此，可以说明，当矿井进入深部开采后，由于其底板承压水水压的增大，在含水层顶部的原位张裂带在采动应力与底板水压共同耦合作用下更容易突破其上部的隔水关键层，形成采动导升带，进一步缩短了含水层与煤层底板之间的距离，所以突水风险较浅部更大。

当矿井进入深部开采后，地应力可能以构造应力为主，为此，对煤层埋深－800m，底板承压水水压6MPa，地应力以构造应力为主时（$\sigma_{水平}/\sigma_{垂直}=2$），工作面回采底板采动效应进行研究，对比与以自重应力为主时底板采动效应的差异。选取有代表性的几个开挖步距进行分析，结果如图4-14所示。

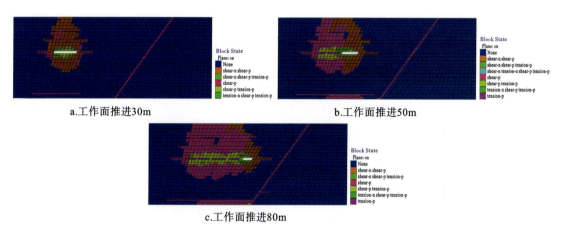

图4-14 构造应力条件下煤层采深－800m承压水水压6MPa底板塑性破坏特征图

从以构造应力为主条件下，工作面开采后底板塑性破坏特征图中可以看出，底板塑性破坏形态与以自重应力为主条件下明显不同，构造应力条件下，底板采后塑性破坏形态近似呈椭球形，而不再呈倒马鞍形，即在采空区下方底板破坏深度最大，在工作面两端破坏深度较小，而矿井以自重应力为主时，底板采动破坏深度在工作面两端最大而采空区下方最小。

此外，对比图4-12与图4-14可以看出，不同地应力条件下，工作面回采后底板深部岩体塑性特征也存在明显差异，以自重应力为主时，工作面形成后，在底板深部出现明显的原位张裂带，且随着工作面的推进，原位张裂在采动应力与水压共同作用下会产生向上的进一步导升形成采动导升带，从而使底板有效隔水层厚度进一步减小，导致底板突水风险的增大；当矿井深部以构造应力为主时，底板深部仅在承压含水层上方存在厚度1m左右的原位张裂带内，在工作面推进相同步距条件下，其厚度明显小于自重应力条件下原位张裂带厚度，且随着工作面的推进，原位张裂仅在横向上范围扩大，而不会产生垂向上的扩展形成采动导升带。

对比图4-12c与图4-14c可以看出，同样在工作面推进80m条件下，当矿井地应力以自重应力为主时，底板采动超前裂隙带已伸入到断层带中，底板深部承压水可能沿断层带进入底板裂隙带而造成底板突水,而当地应力以构造应力为主时,底板采动超前裂隙未与断层带沟通,不会造成底板突水事故。

通过上述分析可以得出,当矿井地应力以构造应力为主时,由于构造应力在水平方向上的挤压作用,工作面采后底板破坏形态体发生了明显改变,底板采动破坏主要集中在采空区下方,在较强的水平挤压作用下,底板深部岩体裂隙被压实而闭合。因此,底板含水层中的承压水未能通过裂隙产生向上的导升,使得含水层上部的原位张裂带及采动裂隙不发育,底板深部塑性破坏范围明显减小。同时,受水平构造应力作用,断层与底板裂隙也处于闭合状态,使其渗透性变小。这也可能是随着深度增加,虽然底板水压增大,但底板涌水量减弱,即造成淮北矿区深部普遍出现"高承压、弱富水"现象的主要原因之一。此外,深部岩溶发育程度的减弱也是深部太灰含水层富水性减弱的原因之一。

综上所述,矿井深部当构造应力占主导作用时,断层活化诱发工作面底板突水的风险性与同等条件下自重应力为主时相比有所降低,即构造应力场不利于断层活化诱发工作面底板突水,对矿井安全生产有利。

3. 断层对采动应力分布特征影响

为了研究流固耦合条件下,断裂构造对采动应力场分布规律的影响作用,本次对煤层开采过程中采动应力进行了研究,选取代表性推进步距采动应力进行分析,结果如图 4-15 所示。

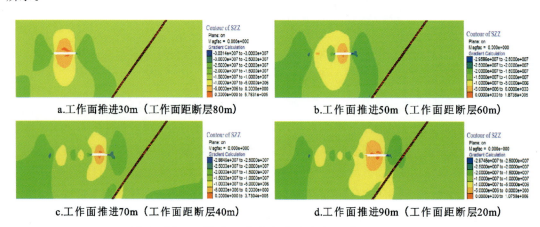

a. 工作面推进30m(工作面距断层80m)　　b. 工作面推进50m(工作面距断层60m)

c. 工作面推进70m(工作面距断层40m)　　d. 工作面推进90m(工作面距断层20m)

图 4-15　工作面回采垂向采动应力云图(单位:MPa)

从工作面回采垂向采动应力云图中可以看出,在工作面采空区范围内形成了明显的卸压区,而在工作面两端出现应力集中现象。在工作面迎头前方采动集中应力在靠近断层带附近发生了明显的偏转,如图 4-15a、b 所示,显示出了断层带的控制作用;随着工作面继续推进,当工作面距断层 40m 时,如图 4-15c 所示,工作面采空区内卸压区也发生了明显的偏转,工作面迎头方向采动集中应力发生"脱节"现象,即仅在近断层带底部及工作面前方一定范围内出现应力集中,而近断层带煤层底板下方 25~35m 范围内应力集中现象消失;当工作面推进 90m(距断层带 20m)时,采空区卸压区范围明显增大,如图 4-15d 所示,且卸压区在近断层带附近发生了明显偏转,偏转角度与断层带倾角基本相同,工作面迎头前方采动应力在断层带附近产生集中,而断层带下盘岩体中应力集中不明显。同时,底板范围内应力集中现象全部消失,且在断层带下盘中也出现了明显的卸压区域,两盘岩体中卸压区发生了交汇现象。

对不考虑流固耦合条件时,断层带对采动应力的传递曾有过研究,得出采空区卸压区近似呈对称分布,且未向断层方向发生偏转。此外,随着工作面向断层靠近,工作面底板下方及对盘岩体中并未出现明显的大范围卸压现象,充分说明了底板水压的存在对煤层采后底板中应力分布起明显的影响作用(翟晓荣等,2013)。

底板深部岩体采动应力状态由初始的应力集中逐渐转化为采动卸压,底板卸压区的存在不利于岩体阻水,对盘灰岩承压水可通过底板深部卸压区进入底板而形成突水,存在突水危险性,这与前述分析是吻合的,即当工作面距断层 20m 时,具有突水危险性。通过上述分析,本次研究得出了断层对采动应力分布的影响作用,同时从采动应力角度揭示了断层活化导水机理。

为了直观反映断层带对采动应力的控制作用,对模型中煤层顶、底板岩体内的采动应力值进行了监测,结果如图 4-16 和图 4-17 所示。

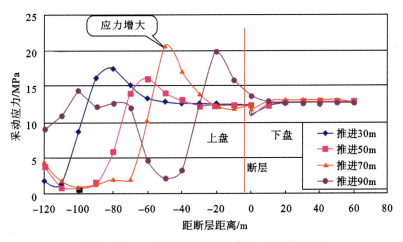

图 4-16　工作面顶板岩体采动应力监测图

图 4-16 为煤层顶板上方 20m 位置内岩体采动应力监测结果,从图中可以看出,随着工作面向断层的不断推进,采动应力在近断层带上盘岩体中不断积累,当工作面推进 70m(距断层 40m)时,应力集中程度明显增大;随着继续推进至 90m(距断层 20m),集中应力在上盘岩体中积累,但对盘应力变化依旧微小,基本不受影响,说明该断层起到了一个阻止应力向前传递的作用,即起到了屏障作用,应力集中于断层带及上盘岩体中,这与李晓昭等(2003)得出的结论是一致的。

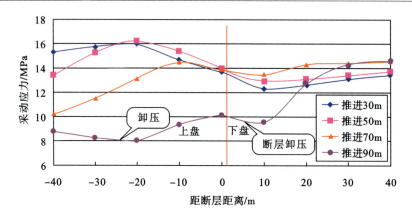

图 4-17 工作面底板岩体采动应力监测图

图 4-17 为煤层底板下方 32m 位置处的采动应力监测结果。从图中可以看出，工作面推进初期，煤层底板下方出现应力集中现象，当工作面推进至 70m 时，在距断层带 10m 以外范围内底板中采动应力与之前相比，出现了明显的下降趋势，对盘采动应力基本不变；当工作面推进 90m 时，底板下方采动应力均出现了大幅下降，表现出明显的卸压特征，且卸压范围扩展至了断层带。与此同时，断层带下盘岩体中也出现了明显的卸压现象，卸压范围在 10m 左右，底板岩体中采动卸压为断层活化突水提供了良好的条件，这即是断层活化诱发底板突水的应力控制机理。

通过断层对采动应力传递影响的模拟分析，得出断层对采动应力的传递起到了明显的限制作用，主要表现在采动应力在断层带上盘岩体中产生集中现象，而下盘岩体中采动应力基本不发生变化，断层带具有屏障作用，会导致采动应力在两盘岩体中的差异分布，使得断层上盘岩体沿断层带出现错动；随着工作面向断层带的不断靠近，工作面前方底板岩体中先出现应力集中，随后应力集中消散转为卸压状态，当煤柱宽度小于 20m 后，断层下盘岩体中也出现了明显的卸压区，同时上盘卸压区扩展至断层带，为承压水的进入提供了良好的应力环境，从应力角度揭示了底板突水机理。

4. 断层对位移分布特征影响

为了研究流固耦合条件下，断裂构造对围岩位移场分布规律的影响作用，对煤层开采过程中工作面顶底板一定范围内位移进行了研究，同样选取代表性推进步距位移进行分析，结果如图 4-18 所示。

从工作面回采垂向位移云图中可以看出，在工作面采空区底板范围内位移为负，出现了底鼓现象，而顶板悬空区出现了下沉，位移为正。随着工作面不断向断层带推进，断层带两侧岩体中位移由初始的近一致状态逐渐表现出了差异。当工作面推进 70m 时，如图 4-18c 所示，工作面迎头底板前方断层带位置上出现了明显的位移增大现象，而此时断层带下盘岩体位移基本未发生改变；随着工作面继续推进，当推进至 90m 时，断层带两侧岩体中出现了

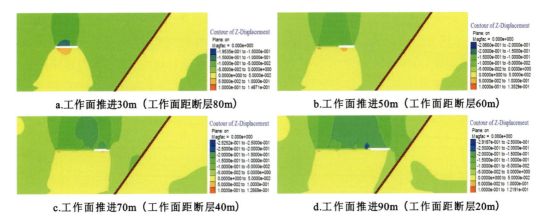

a. 工作面推进30m（工作面距断层80m）   b. 工作面推进50m（工作面距断层60m）

c. 工作面推进70m（工作面距断层40m）   d. 工作面推进90m（工作面距断层20m）

图 4-18 工作面回采垂向位移云图（单位：MPa）

明显的位移差异，如图 4-18d 所示，揭示出断层带对岩体位移场的分布有着明显的控制作用。断层两盘岩体中位移的差异最终会导致上盘岩体沿断层面发生错动现象而使断层发生活化。

为了直观反映断层带对采动位移场的控制作用，对模型中煤层顶、底板岩体内位移值进行了监测，结果如图 4-19 和图 4-20 所示。

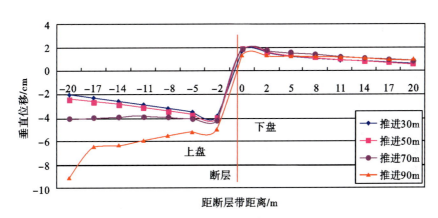

图 4-19 工作面顶板岩体采动位移监测图

图 4-19 为煤层顶板上方 20m 位置内岩体采动位移监测结果。从图中可以看出，随着工作面向断层的不断推进，工作面顶板岩体出现了明显的下沉且沉降值不断增加，而断层下盘岩体中位移量基本不变，上、下盘位移存在明显差异。当工作面推进 70m（距断层 40m）时，顶板下沉量出现了明显增大现象；随着继续推进至 90m（距断层 20m）时，顶板下沉量进一步增大，增幅达到最大，而此时两盘岩体中位移差也达到了最大值，最大位移差为 6.29cm。

图 4-20 为煤层底板下方 20m 位置处，采动位移监测结果。从图中可以看出，工作面推进初期，受支承压力作用，底板下方岩体处于压缩状态，位移值为负数，随着工作面的推进压缩量也在不断增加，当工作面推进 90m 时，底板位移量由负值过渡为正值，即由原来的压缩状态逐渐过渡为卸压状态，而断层带下盘岩体基本不变，此时断层带两侧岩体中位移差达到了最大值，位移差为 7.33cm。

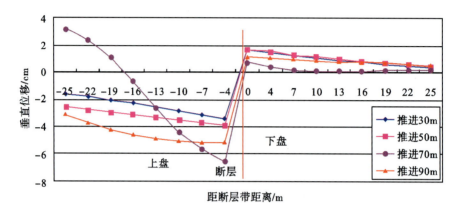

图 4-20　工作面底板岩体采动位移监测图

通过对工作面顶底板围岩位移场的研究可以看出，位移场变化规律与采动应力场的变化具有较好的对应关系，即都是在工作面推进 70m 时，断层带开始出现活化现象；当推进至 90m 时，断层带出现明显的活化，也说明了岩体位移场实则为采动应力场的产物。断层活化机理为，断层带对岩体采动效应具有明显的控制作用，造成断层带两盘岩体中采动应力的差异导致了断层上、下两盘岩体位移出现明显差异，上盘岩体位移大于下盘岩体，最终使上盘岩体沿断层面发生错动，导致断层活化，渗透性增强。

第二节　含陷落柱构造煤层底板采动效应研究

一、陷落柱基本地质特征

岩溶陷落柱是我国华北型石炭二叠纪煤田的一种特殊地质构造体，广泛分布于华北和两淮等各大煤田及矿区（赵阳升等，2004）。陷落柱是一种特殊的埋藏型岩溶，其形成原因为煤系下伏可溶性碳酸盐岩在具有溶蚀性地下水作用下，碳酸盐岩发生塌陷破坏，而其上覆岩体在重力等作用下下陷且充填岩溶空间形成的不规则近似柱形破碎岩柱体。陷落柱发生突水需要 3 个基本条件：①陷落柱底部存在富水性较好的灰岩含水层；②有一定的水头压力；

③陷落柱导水性好,胶结程度低(许进鹏等,2008;李振华等,2009)。陷落柱发育高度一般分为两种,一种为陷落柱顶面在煤系下部,未穿过煤系,即隐伏型陷落柱;另一种为陷落柱穿切煤系,其顶面可能延伸至地表。通常情况下,陷落柱底部位于奥陶系灰岩上部。陷落柱内岩体杂乱无章,充填体形态各异,大小不一,一般充填物主要由灰岩、砂岩、粉状胶结物等充填压实,与周围正常岩层形成鲜明对比,其结构形态如图4-21所示。

二、陷落柱突水基本特征

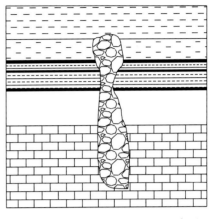

图4-21 岩溶陷落柱结构示意图

近年来,随着我国煤矿开采深度的普遍加深,矿井底板突水次数及其造成的损失越来越大。其中,由采动引起的陷落柱突水,往往是造成淹井等重大灾难的最主要原因(杨为民等,1997)。以淮北矿区为例,已发生过两起严重的陷落柱突水事故,一起为1996年3月4日发生于皖北矿务局任楼煤矿$7_2 22$工作面采动导通陷落柱突水,其最大突水量达34 570 m³/h,造成全矿井淹没,突水后奥灰长观孔水位下降7m,确定为陷落柱导通奥灰突水;另一起为2013年2月3日发生于淮北矿业集团桃园煤矿1035工作面的隐伏导水陷落柱突水,其最大水量近2.9×10^4 m³/h,最终形成淹井事故,突水后奥灰水位下降近40m,工作面内地层完整,最终确定为采动引起10煤底板隐伏陷落柱活化突水。由此可以看出,底板陷落柱突水具有以下特点。

(1)突水量大。根据陷落柱成因可知,一般情况下,陷落柱底部延伸至较强富水性的岩溶含水层中,其补给量充分。若发生底板与陷落柱连通,突水量往往很大。

(2)突水水压大,水温高,流速大。岩溶陷落柱通常发育于奥陶系岩溶含水层内,而奥灰为华北型煤田区域性的强含水层,其面积极广,在裸露山区长期接受大气降水补给,富水性极好。因此,一旦发生突水,岩溶陷落柱突水量大,水温较太灰、煤系砂岩水明显高,且由于承压原因,流速较大。

(3)突水的瞬时性。陷落柱突水,通常为局部突水,大多数陷落柱未发育至煤层,如桃园煤矿1305工作面隐伏陷落柱,因此难以探测与防范。工作面或巷道一旦揭露导水陷落柱将导致底板发生瞬时突水事故,会在短期内淹没整个矿井。

三、陷落柱突水机理研究

一般情况下,发生陷落柱突水有两种典型类型(路银龙,2013)。一种类型为在掘巷道或工作面在推进过程中,前方存在延伸至地表的导水陷落柱,当二者间煤(岩)柱尺寸减小到一定值后,由于采掘扰动,造成采动裂隙与陷落柱连通,裂隙逐渐扩张、贯通造成突水,如图

4-22a 所示；另一种类型为陷落柱发育于煤层底板下一定深度，即隐伏型陷落柱，由于采掘扰动造成底板破裂的同时，采动应力及渗流应力的共同作用，导致陷落柱活化，其围岩应力、应变及其渗透性发生较大变化，陷落柱在垂向上发生导升，最终导升带与底板破坏带连通，发生陷落柱底板突水事故，突水模型如图4-22b所示。

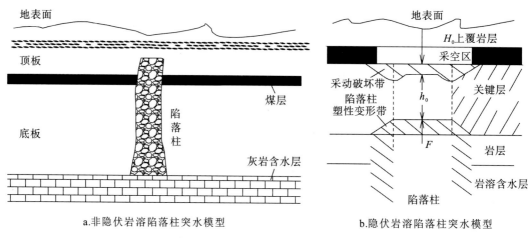

a.非隐伏岩溶陷落柱突水模型　　b.隐伏岩溶陷落柱突水模型

图4-22　陷落柱突水模型示意图

从岩体力学角度分析，陷落柱活化突水的诱因是采动应力，根本原因是在采动应力场与渗流场共同作用下，岩体破坏了其原有的平衡状态，突破了底板与陷落柱间的关键岩体而形成突水（尹尚先和武强，2004；姚邦华等，2014）。在这一过程中，陷落柱体从微观损伤演化至宏观破裂，流场上由渗流转换为紊流突变。因此，深入研究采动应力与渗流场耦合条件下，底板陷落柱从稳定到失稳突水的转化过程，对揭示煤层底板陷落柱突水机理及对陷落柱突水事故的预防与控制有重要的理论意义。

四、含陷落柱底板流固耦合条件下采动效应研究

（一）陷落柱对底板采动效应的影响

1.数值模型的建立

本章主要研究底板结构对采动效应的影响，因此本节对陷落柱的模拟，主要对象为底板隐伏型陷落柱。根据已有资料可知，陷落柱在形态上一般为不规则柱体，在建立模型过程中为了简化模型，本节将陷落柱近似等效为规则六面体，主要目的是为了分析在采动应力及底板承压水压共同作用下，受工作面开采扰动影响，陷落柱活化到与底板采动破裂带连通而最终突水这一过程的研究，而不是关注陷落柱结构形态对采动效应的影响，因此，对陷落柱模

型的简化是可以接受的。建立模型尺寸为200m×250m×100m(长×宽×高),对隐伏型陷落柱模型,陷落柱位于煤层下方一定深度,陷落柱底部位于太原组灰岩含水层内。

陷落柱平面上近似等效为20m×30m(长×宽),X轴作为工作面推进方向,工作面宽度为Y方向150m,切眼位置为$X=50$m处,陷落柱平面位置为$X(60\sim80$m$),Y(60\sim90$m$)$,模型如图4-23所示。陷落柱模型采用软化的材料进行等效代替,在工作面开采前煤层底板承压水已存在,且与陷落柱连通,二者水压保持一致,形成初始应力状态,然后进行开采。当工作面累计推进步距达到顶板垮落步距时,对该段用较弱材料进行填充,来模拟采空区的压实情况,工作面不断推进,直至底板破裂与陷落柱连通。

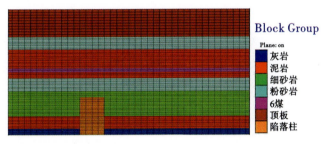

图4-23 隐伏型陷落柱模型图

2.数值模拟方案

为了研究底板含有隐伏型陷落柱构造时底板采动效应特征,对水压及陷落柱顶部距煤层距离两个关键因素进行重点考虑,设计了如下3种计算方案。

方案一:取陷落柱顶部至下组煤距离为20m,底板承压水水压为4MPa,分析工作面在推进过程中底板破裂损伤过程,并与相同条件下,不存在陷落柱的模型进行比较,研究底板采动应力、地下水渗流场、位移的差异,揭示底板中存在陷落柱对采动效应的影响机理。

方案二:在方案一基础上,改变含水层水压,水压分别为2.5MPa、4MPa、5.5MPa,研究不同水压条件下,陷落柱的活化过程及底板采动效应差异。

方案三:选取陷落柱距煤层距离为30m,水压分别为4MPa、5MPa、6MPa条件下,底板及陷落柱损伤破裂特征。

根据以上数值模型及研究方案,利用前述所提到的控制模型流固耦合计算过程的程序,对含隐伏型陷落柱煤层底板采动效应进行研究。

3.数值模拟结果分析

对模型中煤层底板存在陷落柱及正常完整底板,在相同底板承压水压4MPa条件下,底板采动效应分别进行模拟,并研究陷落柱对底板采动效应的影响作用。本节主要通过对底板塑性破坏特征、底板采动应力、底板位移及地下水渗流场等方面进行分析。

当工作面推进至顶板初次来压步距时,对底板塑性破坏特征进行了分析,结果如图4-24所示。从图中可以看出,当底板中存在隐伏型陷落柱时,由于其力学性质较差,在工作面首次开挖时即发生了塑性破坏,且以剪切破坏为主。随着工作面的推进,两种类型模型底板破坏深度及范围均增大,二者在工作面推进至 20m 时,底板破坏深度基本一致为 14m,含陷落柱底板模型中陷落柱未发生侧向或垂向的裂隙扩张与导升,如图 4-24c 所示;随着继续推进,当推进至 30m 时,底板陷落柱发生了向上的导升,导升带高度为 2~3m,如图 4-24e 所示,同时底板破坏深度进一步增大,底板塑性破坏带与陷落柱采动导升带相连通,则底板承压水通过陷落柱进入底板,且受采动影响与承压水冲刷的共同作用,裂隙进一步扩展,突水通道会进一步扩大,可能造成底板突水事故,而正常底板模型,推进至 30m 时,底板最大破坏深度为 17m,底板深部无明显塑性破坏或损伤,底板与含水层间无直接联系,不会发生底板突水事故。由此可见,隐伏陷落柱的存在,增大了底板突水的可能性。

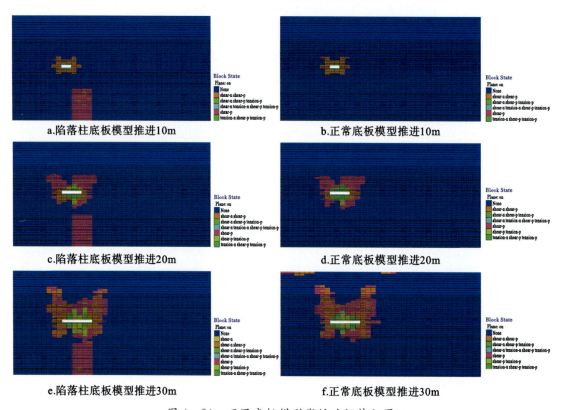

图 4-24 不同底板模型塑性破坏特征图

对底板有无陷落柱条件下,底板采动后垂向应力分布进行了分析,应力分布如图 4-25 所示。

从图中可以看出,不论底板是否存在陷落柱,工作面形成之后,在采空区顶底板一定范围内应力减小,即出现卸压现象,而在工作面两端应力增大,出现增压现象,且随着工作面的向前推进,增压区及卸压区范围均在增大,且陷落柱的存在造成工作面两端应力集中系数大于无陷落柱条件,当存在陷落柱时,工作面应力集中系数为 1.64,无陷落柱时,应力集中系数

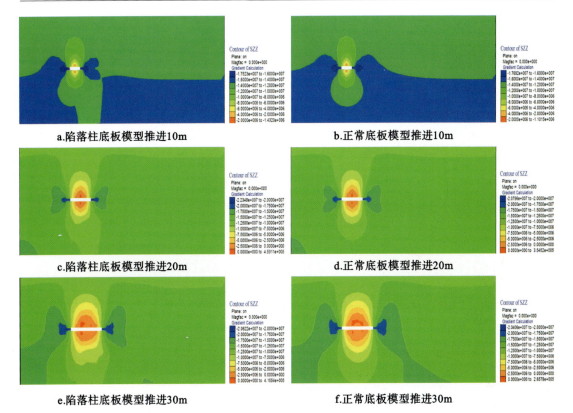

图 4-25 不同底板模型垂向应力云图(单位:Pa)

为 1.48;对比两种模型,煤层开采后,从底板应力分布特征可以看出,底板中陷落柱的存在,引起了底板应力的不均匀分布。具体表现为:当底板中无陷落柱时,应力分布以采空区中线为轴,呈近似轴对称分布,如图 4-25b、d、f 所示,而当底板中发育有陷落柱时,底板应力分布明显不均匀,在陷落柱存在部位,应力明显减小,如图 4-25a、c、e 所示,造成底板采动后卸压范围的扩大与扰动深度的增加,陷落柱中承压水则可能沿次卸压带突破底板,造成突水。

对两种不同底板结构模型条件下,工作面回采后底板位移量进行了分析,底板位移如图 4-26 所示。

从垂向位移云图中可以看出,工作面回采后,在采空区底板出现底鼓现象,且随着推进,底鼓量及底鼓范围均增加,这主要是由开采后采空区卸荷底板回弹所致。对比两种不同结构底板模型可以看出,底板含有陷落柱时,最大底鼓量较无陷落柱时小,以推进 30m 为例,最大底鼓量分别为 9.28cm、11.18cm;在底板下方位移分布特征也存在明显差异,无陷落柱底板中工作面前方位移呈与垂直方向夹角 30°斜向下传递,而当底板中存在陷落柱时,位移呈近似垂直方向,向底板下方传递,如图 4-26c、d 所示;当推进 10m 时,陷落柱顶部出现明显位移而当推进至 30m 时,陷落柱底部也出现了明显位移,如图 4-26a、e 所示,说明在采动应力及承压水工作作用下,底板陷落柱体发生了明显的位移,可能导致陷落柱的活化。

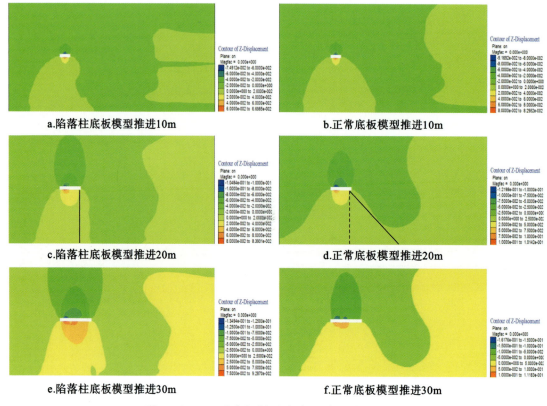

图 4-26 不同底板模型垂向位移云图(单位:m)

当底板中含有陷落柱时,底板范围内渗流场与完整结构底板不同,图 4-27 给出了不同结构底板、煤层开采后底板孔压分布特征及渗流的分布情况。从图中可以看出,工作面形成后,工作面围岩孔隙压力发生了明显的突降,围岩流体向采空区流动,且采空区渗流速度明显大于非采空区的流速,这说明采空区对围岩渗流具有引导作用。该现象与实际情况亦是稳合的,实际中工作面形成后,其顶底板范围内砂岩孔隙水会流向采空区,形成正常的工作面涌水现象。随着工作面的不断推进,孔隙水压力卸压范围随着采空区面积的增大而增加,在工作面两端由于支承压力的作用,导致围岩中出现超静孔隙水压力,位置在工作面两端 15~20m 内,这与王家臣和杨胜利(2009)研究所得结果规律基本一致。

对比不同结构底板,可以看出在完整底板中,煤层开采后,底板范围内形成的渗流场近似呈对称分布,渗流速度随底板深度的增加而逐渐减小,主要是由于距底板越近,受采动影响越明显,岩体体应变则越大,渗透系数与体应变呈正比,则渗透性越大,所以渗流速度较深部大;两种底板中孔隙压力分布也存在差异,底板含有陷落柱时,采空区范围内孔压分布出现了不均匀性,如图 4-27e 所示,底板深部孔压卸压范围明显减小,主要是由于陷落柱底部与下伏强含水层相同,其补给充分,补压及时所致;底板中存在陷落柱时,在陷落柱范围内底板渗流场流速大于完整底板,主要是由于陷落柱与围岩相比,其结构松散,充填不实,渗透性较大,且随着工作面的推进,流速差越来越大,说明受采动应力与承压水压力共同作用,陷落柱结构发生了变化,其孔隙度进一步增大,渗透性随之增强,即发生活化,此时若底板破裂带与陷落柱沟通则会发生底板突水事故。

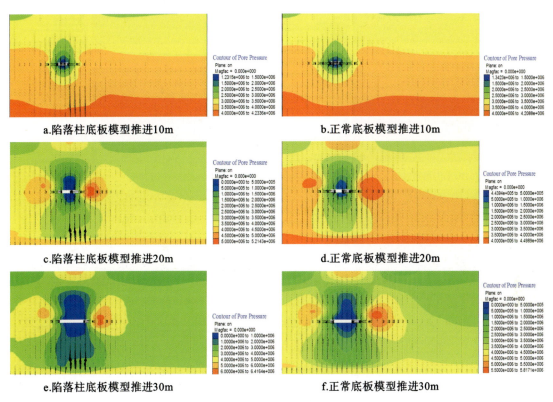

图4-27 不同底板模型孔隙水压及渗流场分布对比图(单位:Pa)

综上所述,底板中陷落柱的存在,造成底板范围内采动应力、位移及底板渗流场分布的不均匀性,且当工作面推进至30m时,陷落柱发生活化底板破坏带与陷落柱采动导升带相连通,存在底板突水的可能性,与完整结构底板采动效应存在明显差异,进一步揭示了陷落柱对底板采动效应的控制作用。

(二)陷落柱采动活化机理

1.底板承压水水压对陷落柱突水的影响

孔隙水压力的大小对岩体中裂隙扩展过程具有重要的影响,这与岩体水力压裂机制相类似。图4-28给出了不同底板承压水水压条件下($P=2.5$MPa、4MPa、5.5MPa)含陷落柱底板,在采动应力与底板水压共同作用下,底板破裂发展过程。

从不同水压条件下,底板破裂塑性状态图中可以看出,底板水压不同,陷落柱及底板破坏形态有较大差异。前面章节已经讲述,底板水压对底板破坏深度的影响,即底板破坏深度

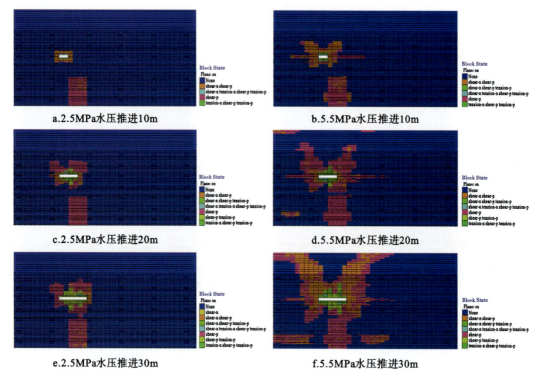

图 4-28 隐伏陷落柱距底板 20m 不同水压条件下底板塑性破坏图

随底板水压增大而增加,其机理就不再累述。本节重点研究在不同水压条件下,陷落柱在采动应力及水压共同作用下的变化特征。

当底板水压为 2.5MPa 时,随着工作面的推进,陷落柱初始无明显变化,由于其力学性质弱,仅整体发生塑性变化,而未在其周围产生塑性变形带,当推进至顶板初次来压步距 30m 时,可以发现陷落柱顶部出现了 1m 高的采动导升带,而此时底板破坏深度达 18m,底板破裂带与陷落柱导升带之间仅有 1m 厚的完整岩层,处于连通的临界边缘;当水压为 4MPa 时,工作面推进至 30m,陷落柱导升带已与底板破裂带相连通,形成了突水通道,具备了底板突水条件;当底板水压增大至 5.5MPa、在工作面初次开挖时,陷落柱已经发生了明显的塑性变形,如图 4-28b 所示,陷落柱侧向及垂向上均不同程度地发生了塑性破坏,侧向塑性破坏带宽度在 5m 左右,垂向导升 2m,推进至 20m 时,陷落柱顶部导升带为 3m,底板破坏带与陷落柱间的完整岩层厚度仅为 2m,且底板出现了原位张裂区,如图 4-28d 所示,当推进至 30m 时,底板破坏带已与陷落柱导升带相连通,原位张裂区范围进一步扩大,且连通范围与 4MPa 水压条件相比,明显增大。

通过不同水压条件下模拟结果可以得出如下结论:

(1) 在工作面推进相同步距条件下,底板承压水水压越大,陷落柱柱体活化损伤程度越大。在步距同样推进 20m 时,底板 5.5MPa 水压条件下陷落柱四周产生了明显的塑性损伤,而底板 2.5MPa 时,仅陷落柱体本身发生塑性变形;在工作面推进 30m、水压 5.5MPa 下,陷落柱与底板的突水通道已经形成,而水压为 2.5MPa 时,陷落柱还未与底板破裂带相互连通。

(2)含水层水压越大,陷落柱柱体损伤活化随工作面推进的发展速度越快。当底板水压为 2.5MPa、工作面推进至 30m 时,陷落柱体才出现垂向的采动导升,高度为 1m;而底板水压为 5.5MPa,工作面推进 10m 时,陷落柱体已出现 2m 高的垂向损伤,同时陷落柱侧向出现了宽度 5m 左右的损伤,当推进 30m 已形成了底板突水通道。

因此,可以得出,底板承压水水压越高,陷落柱越容易发生活化形成底板突水通道,底板承压水也越容易克服陷落柱柱体本身的阻力而向上及向侧向渗透导升。

2.不同隐伏深度陷落柱的影响

陷落柱距煤层底板距离的远近,决定了陷落柱与底板之间有效隔水层厚度的大小,故对煤层底板采动破裂带是否与陷落柱塑性带连通而引发突水有着重要的影响。为此,本节对不同隐伏深度陷落柱及其临界突水水压进行了研究。

首先,对陷落柱隐伏于煤层底板下 30m 时,在不同底板承压水条件下,底板及陷落柱损伤过程进行分析研究。图 4-29 给出了陷落柱隐伏深度 30m,不同水压条件(4MPa、5MPa、6MPa)底板及陷落柱损伤塑性特征图。

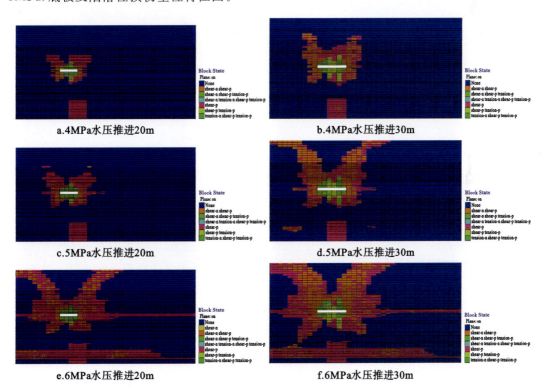

图 4-29　隐伏陷落柱距底板 30m 不同水压条件下底板塑性破坏图

从图中可以看出,当底板水压为 4MPa 时,随着工作面的推进,底板破坏范围逐步增大,推进至 30m 时,底板最大破坏深度为 18m,而陷落柱仅柱体内部发生塑性变形,未出现侧向的塑性变形带,如图 4-29b 所示;当底板水压为 5MPa、推进至 30m 时,底板最大破坏深度仍为 18m,与 4MPa 不同的是,在底板深部出现了厚度 6m 的原位张裂带,此时陷落柱仍未出现侧向塑性损伤;当底板水压增大至 6MPa、工作面推进 20m 时,陷落柱体出现了垂向的导升带,高度为 2m 左右,如图 4-29e 所示,同时陷落柱侧向出现塑性破坏且与底部的原位张裂带叠加,当工作面推进 30m 时,陷落柱体损伤状态与推进 20m 时差异不大,但底板原位张裂带开始出现采动导升,高度为 4m 左右,同时底板破坏带进一步增加,且开切眼下部破坏带深度大于工作面迎头,但还未形成突水通道,如图 4-29f 所示,此时陷落柱体位于工作面采空区正下方位置,与底板破裂带间有一定厚度的完整岩层,不会发生底板陷落柱突水。

从上述分析中可以看出,在开切眼下方位置,底板破坏深度最大,而上述陷落柱位置在开切眼的前方。因此,为了考虑陷落柱与开切眼的相对位置关系对陷落柱体损伤状态的影响,对陷落柱体位于切眼位置后方的情形进行了考虑,在 6MPa 条件下,陷落柱随工作面推进的损伤状态进行了分析,底板及陷落柱体损伤状态如图 4-30 所示。

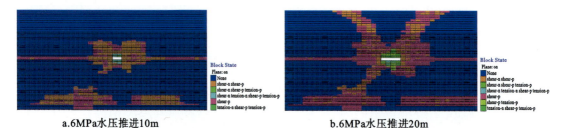

a.6MPa水压推进10m　　　　　　　b.6MPa水压推进20m

图 4-30　隐伏陷落柱在距底板 30m 陷落位置改变底板塑性破坏图

从图中可以看出,当底板隐伏陷落柱位置位于工作面开切眼后方,当工作面推进 10m 时,陷落柱体侧向发生了明显的塑性损伤破坏,具体为受采动影响,陷落柱顶部出现了高度 3m 左右的导升破坏,同时在侧向上损伤带与底板原位张裂带相叠加,导升带未与底板破坏带连通,如图 4-30a 所示;当工作面推进 20m 时,陷落柱体进一步损伤,其顶部导升损伤带高度增至 5m,底板进一步破坏,此时二者已经连通,形成了突水通道,而在相同水压条件下,陷落柱位于开切眼前方,当工作面推进至 30m 时,陷落柱损伤带仍未与底板破坏带连通。因此,底板陷落柱引发底板突水事故,与底板承压水水压及陷落柱与开切眼的相对位置有关。

此外,对陷落柱隐伏深度为 15m 时的情况进行了分析,通过数值模拟得出,当陷落柱距煤层底板距离为 15m、底板承压水水压为 1.5MPa 时,陷落柱导升带与底板采动破坏带发生连通,形成底板进水通道,底板塑性状态如图 4-31 所示。

第四章 深部非完整结构底板流固耦合采动效应研究

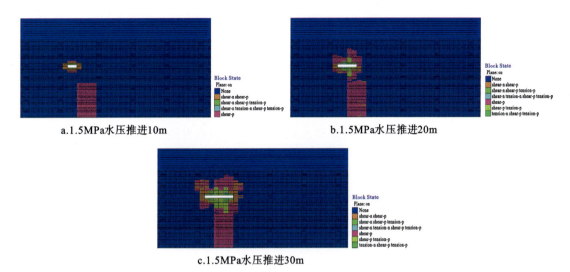

图 4-31 1.5MPa 水压隐伏陷落柱在距底板 15m 条件下底板塑性破坏图

从图中可以看出,随着工作面的推进,底板塑性破坏深度逐渐增加,当工作面推进至 20m 时,受采动影响与底板水压的工作作用,陷落柱柱体出现了垂向的导升现象,导升带高度在 2m 左右;随着工作面继续推进,当推进至 30m 时,底板破坏带与陷落柱导升带相连通,形成了突水通道。

为了研究煤层底板隐伏陷落柱隐伏深度及其临界水压力之间的关系,对上述几种不同隐伏深度的模型进行了总结,并对隐伏距离及临界突水水压进行了拟合,结果如图 4-32 所示。

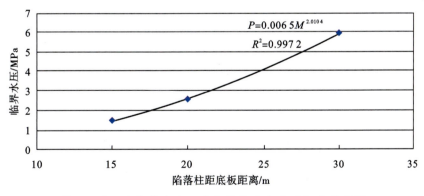

图 4-32 陷落柱隐伏距离与临界突水水压拟合关系图

P. 临界水压(MPa);M. 陷落柱距底板距离(m)

从陷落柱隐伏距离与其临界水压拟合关系中可以看出,二者关系近似为幂指数函数,相关性系数达 0.9972,拟合度极高,可以得出如下关系:

$$P = 0.006\,5M^{2.010\,4} \tag{4-7}$$

式中,P 为底板突水时的临界水压(MPa);M 为陷落柱距煤层底板的距离(m)。

通过上式,在探知底板陷落柱隐伏距离的情况下,可以计算出其导通突水的临界水压值,进而可以采取相应防治水措施,如进行放水至临界水压之下或者对陷落柱体进行局部注浆加固改造,减小其渗透性、提高力学强度,确保工作面的安全回采。需要指出的是,通过模拟得出,陷落柱沟通底板突水不仅与底板承压水水压有关,而且与工作面与陷落柱的相对位置密切相关,式(4-7)中未考虑二者相对位置关系,在探知底板陷落柱具体位置的情况下,应使工作面尽量避开陷落柱。

3. 陷落柱活化涌水量分析

有学者通过对陷落柱突水的研究得出,陷落柱在采动影响下从稳定状态到活化过程中,陷落柱体内充填物在高承压水作用下不断被冲刷侵蚀,最终在强渗透力作用下,充填体发生运动流失现象,导致陷落柱体的渗透性也在不断变化,固体颗粒的流失导致渗透性的变化是突水的主要原因(姚邦华等,2014)。胡戈等(2008)通过对断层活化突水渗-流转换试验得出,断层在采动影响下,断层带内破碎体在高承压水的冲刷作用下充填物不断涌出,断层内部经历了孔隙流→裂隙流→管道流的变化过程,颗粒物的涌出量与涌水量有较好的对应关系。因此,为了研究陷落柱在活化过程中是否也存在渗流转换现象,利用FLAC3D内gp_flow()函数,对底板水压一定、不同渗透性条件下陷落柱活化突水后涌水量进行了计算,再现了陷落柱活化过程中涌水量的变化,结果如表4-1所示,岩土渗透性分级如表4-2所示。

表4-1 不同渗透系数条件下陷落柱活化涌水量

渗透系数/(cm·s^{-1})	涌水量/(m^3·h^{-1})
2.0×10^{-4}	30.8
2.0×10^{-3}	75.6
2.0×10^{-2}	741.6
2.0×10^{-1}	6 084.5

表4-2 岩土渗透性分级表

渗透性等级	渗透系数 k/(cm·s^{-1})	岩体特征
极微透水	$k<10^{-6}$	完整岩石,含等价开度小于0.025mm裂隙的岩体
微透水	$10^{-6}\leqslant k<10^{-5}$	含等价开度0.025~0.05mm的裂隙岩体
弱透水	$10^{-5}\leqslant k<10^{-4}$	含等价开度0.05~0.01mm的裂隙岩体
中等透水	$10^{-4}\leqslant k<10^{-2}$	含等价开度0.01~0.5mm的裂隙岩体
强透水	$10^{-2}\leqslant k<1$	含等价开度0.5~2.5mm的裂隙岩体

从表 4-1 中可以看出,随着陷落柱体内渗透性的增大,底板突水后涌水量也不断增加。当陷落柱体渗透性等级为中等透水时,如表 4-2 所示,即渗透系数在 $(0.2 \sim 2.00) \times 10^{-3}$ cm/s 之间,底板出水为渗流,水量小于 100 m^3/h;当陷落柱内转化为强透水后,即渗透系数增大至 $0.02 \sim 0.2$ cm/s 时,底板突水量明显增大,尤其当渗透系数为 0.2 cm/s 时,底板突水量近 6000 m^3/h。因此,可以看出随着陷落柱体内充填物在高承压水流作用下不断被冲蚀,从而导致柱体内渗透性不断增大这一过程中,底板突水量也发生了由渐变至突变的变化,说明陷落柱活化过程中其内部同样存在渗流转换现象,渗透性与涌水量间的关系如图 4-33 所示。

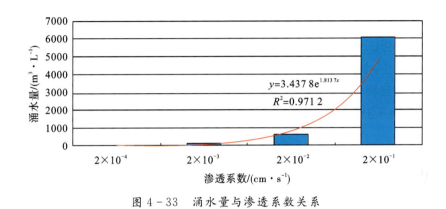

图 4-33 涌水量与渗透系数关系

从图中可以看出,涌水量随渗透系数的变化呈指数型增长,相关性系数达 0.971 2,拟合关系较好,直观地反映了随着陷落柱渗透性的不断增大,陷落柱内会经历从初始状态的渗流到最后管流的转变,所得结果与实际陷落柱突水过程一致,即初始状态下底板突水量较小,随着陷落柱体内充填物的不断流失,渗透性不断增大,最后涌水量会突增至灾。根据该拟合关系,可预测陷落柱突水量的大小。

第三节 本章小结

(1)通过对含裂隙底板采动效应的研究得出,裂隙诱发底板突水是由于裂隙在采动作用下,产生向上及向下的剪切破坏扩展带。该破坏带上部与煤层底板采动破坏带不断接近,而下部与原位张裂带连通且不断与底板承压含水层接近,最终塑性剪切破坏带使底板采动破坏带与底部含水层连通,形成突水通道。

(2)通过对切穿煤层断层的研究揭示了断裂构造活化致灾的过程,在初始状态下,底板渗流场与围岩应力场处于平衡状态,工作面形成后,打破了原有的平衡状态,底板渗流场也发生了变化,形成了断层带活化的基本条件。在之后工作面开采扰动下,裂隙进一步扩展,当底板采动裂隙带与断层活化区或原位采动导升带连通时,即形成突水通道。

（3）在构造应力条件下，底板破坏形态与在自重应力条件下会有明显差异，且底板原位张裂带的发育受到抑制，有利于底板安全性；断层带对采动应力传递具有明显控制作用，断层带起到了阻隔应力传递的作用，当断层煤柱宽度减小到 20m 时，断层带两侧深部岩体中会出现明显的卸压现象，不利于底板阻水。

（4）底板中陷落柱的存在，造成底板范围内采动应力、位移及底板渗流场分布的不均匀性，与完整结构底板采动效应存在明显差异。在陷落柱隐伏深度及工作面推进相同步距条件下，底板承压水水压越大，陷落柱柱体活化损伤程度越大，陷落柱柱体损伤活化随工作面推进的发展速度也越快；通过数值模拟拟合出了煤层底板隐伏陷落柱隐伏深度及其临界水压力之间的关系，二者关系近似为指数型函数。

第五章 含断裂构造岩体采动效应研究

本书第四章在对工作面开采条件下,对非完整结构底板采动效应进行了数值模拟研究。对非完整结构底板的研究主要针对含断裂构造及岩溶陷落柱的底板开展,而一般矿井实际生产过程中,揭露的断裂构造大都多于陷落柱。因此,本章将对含断裂结构的非完整结构底板的采动效应进行进一步研究。基于相似理论,通过建立相似材料模型,并结合数值模拟,在工作面回采过程中,断裂构造对采动效应的影响作用进行分析,综合采动应力及位移因素,揭示断层在采动条件下,由稳定状态过渡为活化状态这一动态过程,从而进一步揭示断裂活化突水机理及断裂构造对采动效应的控制作用。

第一节 概 述

断层为力学产物,在其形成后往往在断层带附近形成大量的伴生裂隙,而当受到采动影响时,原有裂隙会进一步扩展,同时底板中也会形成新的采动裂隙,二者容易相互连通,从而形成底板突水通道,同时断层可能由原来的稳定隔水状态转变为活动导水状态,进而造成底板的突水事故。

根据对峰峰矿区二矿及淮南矿区新庄孜煤矿的实测资料显示,如图 5-1 所示,煤层底板在受采动影响作用下,发育于煤层下方 25m 及 30m 处的断层发生了明显的错动活化,最大相对位移分别为 21mm、8mm。活动方式为沿断裂面上、下滑动,断层活化强烈区段位于工作面零位附近(王作宇和刘鸿泉,1993)。

上述工程实例表明,在采动影响条件下,即使距煤层底板下部较远的断层也会受到采动影响的作用,从而引起断层带或近断层带裂隙的错动变形,造成断层带活化,若断层下部与含水层连通则可诱发工作面底板突水事故。为此,本章将通过建立相似材料物理模型,对工作面推进过程中断层状态由稳定转变为活化这一动态过程进行研究,通过对近断层带两盘岩体的采动应力及位移分析,确定断层活化的临界状态,从而揭示断层带对底板岩体采动效应的控制作用机理。

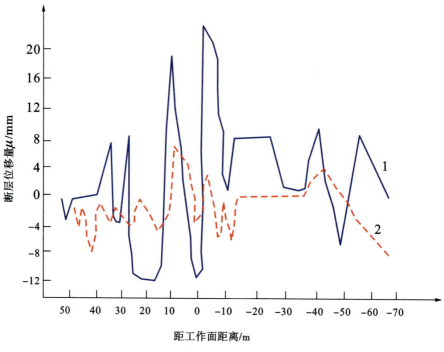

图 5-1 采动断层活化位移曲线
1.峰峰二矿；2.淮南新庄孜矿

第二节 F₁断层采动效应相似材料模型试验

本次相似材料模拟试验的对象以徐淮地区某矿井实际地质资料为基础，该矿井地层结构上同样属于华北型沉积煤田，在矿井下组煤生产过程中，底板水害仍以太原组薄层群灰岩及下部奥灰灰岩承压水为主。本次模拟试验的主采煤层为该矿井山西组 7 煤层，煤层厚度为 5.5m，平均埋深 450m，煤层直接顶板为泥岩，老顶板为中砂岩，底板为泥岩与粉细砂岩互层，煤层被 F_1 断层所切割，F_1 断层倾角 65°，断层落差为 120m，断层带宽度为 3m，造成了 7 煤层与断层下盘的太原组八灰对接，地质模型如图 5-2 所示。

由于断层带的存在，导致上盘 7 煤层距下盘富水性较好的十二灰、十四灰的距离缩短，为了研究受采动影响，断层是否会发生采动活化及断层带对采动效应的控制作用，从而对煤层开采的相似材料试验进行研究。

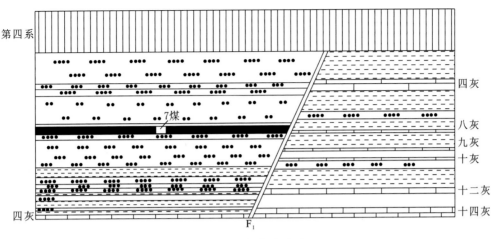

图 5-2 地质模型图

一、相似模型的设计及制作

(一)相似比例的确定

相似材料模拟试验是以相似理论作为依据的实验室研究方法。根据具体研究问题的需要,按一定的比例缩小现场,在实验室制作相似模型。模拟开采时,观测有关量的变化,并找出其规律性,然后再按比例放大返回到现场,从而得出现场有关量的规律。

本次模型试验以相似三定理为理论基础,同时满足一定的相似条件,主要包括几何、物理力学性质、时间相似及边界条件与开采过程相似。根据试验条件,本模型具体相似比选择如下。

(1)几何相似比:

$$C_l = \frac{X_m}{X_p} = \frac{Y_m}{Y_p} = \frac{Z_m}{Z_p} = \frac{1}{100}$$

式中,原型(现场)的 3 个相互垂直的几何尺寸为 X_p、Y_p、Z_p,模型中相应岩层的尺寸为 X_m、Y_m、Z_m。

(2)容重相似比:

$$C_r = \frac{r_{mi}}{r_{pi}} = \frac{1.52}{2.5} = 0.608$$

式中,原型(现场)中第 i 层岩层的容重为 r_{pi},模型中相应岩层的容重为 r_{mi}。

(3)时间相似比:

$$C_t = \sqrt{C_l} = 1/10$$

(4)弹模相似比:

$$C_E = \frac{E_{mi}}{E_{pi}} = C_l \times C_r = \frac{1}{100} \times \frac{1.52}{2.5} = 0.006\ 08$$

式中，原型（现场）中各岩层的弹性模量为 E_{pi}，模型中相应岩层的弹性模量为 E_{mi}。

（5）强度相似比：

$$C_{\sigma c} = \frac{\sigma_{cmi}}{\sigma_{cpi}} = C_l \times C_r = \frac{1}{100} \times \frac{1.52}{2.5} = 0.006\ 08$$

式中，原型（现场）中各岩层的单向抗压强度为 σ_{cpi}，模型中相应岩层的单向抗压强度为 σ_{cmi}。

（6）泊松相似比：

$$C_\mu = \frac{\mu_{mi}}{\mu_{pi}} = 1$$

式中，原型（现场）中各岩层的泊松比为 μ_{pi}，模型中相应岩层的泊松比为 μ_{mi}。

（二）相似材料的选取及模型的构建

1.模型的铺设

按照上述相似常数及现场地质条件（顶底板岩层的厚度、岩性及强度等）换算成模型中的参数，并确定相应的配比。

岩层相似材料以细砂为骨料，以碳酸钙和石膏为胶结物，断层破碎带以云母粉及细砂为骨料，为了正确地确定相似材料配比，以便获得所需要的参数，在安徽理工大学采矿省级重点实验室，借助于该实验室所做大量试验得到的配比表，并经多次反复调整材料配比，获得模型的各层相似材料最佳配比，模型配比表见表 5-1 和表 5-2。

表 5-1　F_1 断层上盘岩体现场条件与模型参数对比表

参数		原型（现场）参数			模型参数				
	岩性	厚度/m	单向抗压强度/MPa	容重/（×10⁴N·m⁻³）	厚度/cm	单向抗压强度/MPa	容重/（×10⁴N·m⁻³）	配比号	水量/kg
顶板	粉细砂互层	35.50	22.00	2.54	35.50	0.13	1.54	1237	34.57
	粉砂岩	10.50	30.00	2.51	10.50	0.18	1.53	1237	7.92
	泥岩	3.50	11.97	2.53	3.50	0.07	1.54	1237	2.61
	细砂岩	4.00	63.00	2.56	4.00	0.37	1.56	873	3.15
	粉砂岩	5.00	49.60	2.57	5.00	0.29	1.56	1037	3.77
	中细砂岩	23.00	72.48	2.58	23.00	0.42	1.57	873	17.57
	泥岩	2.00	28.41	2.45	2.00	0.17	1.49	1237	1.41
开采煤层	7 煤层	5.50	8.20	1.40	5.50	0.09	0.85	1237	3.86

续表 5-1

参数	岩性	原型（现场）参数			模型参数				
		厚度/m	单向抗压强度/MPa	容重/($\times 10^4$N·m^{-3})	厚度/cm	单向抗压强度/MPa	容重/($\times 10^4$N·m^{-3})	配比号	水量/kg
底板	粉砂岩	4.00	49.60	2.52	4.00	0.30	1.53	1037	2.85
	细砂岩	20.00	83.80	2.60	20.00	0.48	1.58	873	14.46
	粉细砂互层	3.00	31.60	2.50	3.00	0.19	1.52	1237	2.00
	泥岩	4.00	30.30	2.49	4.00	0.18	1.51	1237	2.65
	粉砂岩	5.00	49.60	2.57	5.00	0.29	1.56	1037	1.69
	细砂岩	3.00	49.60	2.57	3.00	0.29	1.56	1037	2.01
	粉砂岩	3.00	49.60	2.57	3.00	0.29	1.56	1037	2.00
	泥岩	2.00	12.30	2.61	2.00	0.07	1.59	1237	1.29
	粉砂岩	4.00	47.68	2.62	4.00	0.27	1.59	1037	2.64
	泥岩	5.00	28.40	2.55	5.00	0.17	1.55	1237	3.19
	粉砂岩	2.00	47.68	2.62	2.00	0.27	1.59	1037	1.30
	泥岩	3.00	12.30	2.61	3.00	0.07	1.59	1237	1.89
	四灰	3.00	128.00	2.65	3.00	0.72	1.61	628	2.11

备注：1.配比号是指砂∶石灰∶石膏；2.为了模拟断层，在其中加入了云母粉以降低强度，断层的配比号为砂∶石灰∶石膏∶水分∶云母＝5∶0.36∶0.36∶0.82∶2.00；3.砂子含水率按9%计算，加水量为固体材料的1/9。

表 5-2 F_1 断层下盘岩体现场条件与模型参数对比表

参数	岩性	原型（现场）参数			模型参数				
		厚度/m	单向抗压强度/MPa	容重/($\times 10^4$N·m^{-3})	厚度/cm	单向抗压强度/MPa	容重/($\times 10^4$N·m^{-3})	配比号	水量/kg
下盘各分层	粉细砂互层	30.00	22.00	2.54	30.00	0.13	1.54	1237	31.38
	泥岩	5.50	28.40	2.55	5.50	0.17	1.55	1237	1.33
	粉砂岩	2.00	47.68	2.62	2.00	0.27	1.59	1037	0.50
	泥岩	3.00	12.30	2.61	3.00	0.07	1.59	1273	0.75
	四灰	8.00	128.00	2.65	8.00	0.72	1.61	628	2.28
	粉细砂互层	2.00	47.68	2.51	2.00	0.27	1.52	628	0.58
	泥岩	13.00	12.30	2.61	13.00	0.07	1.59	1273	3.51
	五灰	3.00	53.82	2.64	3.00	0.31	1.61	1255	0.84
	粉细砂互层	6.00	47.68	2.62	6.00	0.27	1.59	1037	1.75
	泥岩	5.00	15.10	2.45	5.00	0.09	1.49	1237	1.46

续表 5-2

参数	岩性	原型（现场）参数			模型参数				
		厚度/m	单向抗压强度/MPa	容重/($\times 10^4$ N·m^{-3})	厚度/cm	单向抗压强度/MPa	容重/($\times 10^4$ N·m^{-3})	配比号	水量/kg
下盘各分层	中砂岩	2.50	47.68	2.62	2.50	0.27	1.59	1037	0.78
	八灰	2.00	53.82	2.64	2.00	0.31	1.61	1037	0.63
	泥岩	5.00	4.83	2.46	5.00	0.03	1.50	1237	1.55
	细砂岩	4.00	47.30	2.60	4.00	0.27	1.58	1037	1.30
	泥岩	1.00	12.30	2.61	1.00	0.07	1.59	1237	0.32
	粉细砂互层	1.00	73.20	2.62	1.00	0.42	1.59	873	0.34
	九灰	1.00	165.70	2.71	1.00	0.92	1.65	437	0.79
	泥岩	1.00	12.30	2.61	1.00	0.07	1.59	1237	0.32
	粉砂岩	1.00	47.68	2.62	1.00	0.27	1.59	1037	0.67
	十灰	1.00	47.68	2.64	1.00	0.31	1.61	1037	0.34
	粉砂岩	1.00	30.00	2.62	1.00	0.27	1.59	1037	0.34
	细砂岩	5.00	27.90	2.45	5.00	0.17	1.49	1237	1.67
	粉细砂互层	5.00	14.90	2.34	5.00	0.10	1.42	1237	1.70
	泥岩	10.00	22.40	2.35	10.00	0.14	1.43	1237	3.49
	十二灰	4.00	112.00	2.61	4.00	0.64	1.59	628	1.60
	泥岩	3.00	37.70	2.52	3.00	0.22	1.53	1228	1.08
	细砂岩	3.00	48.60	2.63	3.00	0.28	1.60	1037	1.12
	粉砂岩	1.00	20.10	2.47	1.00	0.12	1.50	1237	0.37
	细砂岩	1.00	48.60	2.63	1.00	0.28	1.60	1037	0.38
	泥岩	2.00	10.00	2.45	2.00	0.06	1.49	1237	0.74
	十四灰	7.00	90.10	2.67	7.00	0.51	1.62	628	2.94

模型几何尺寸为（长×宽×高）400cm×40cm×150cm，相当于模拟伪厚为150m的岩层，包括7煤底板下61m及顶板上83.5m岩层。为了保证加压之后模型整体及断层的稳定性，断层带未延伸至模型顶部，断层延伸高度为从模型底部到120m高度，之上30m由水平层覆盖，如图5-3所示。

2. 补偿荷载的施加

由于本次相似材料模拟试验模型，只能模拟7煤层顶板以上83.5m岩层的自重，模拟区段7煤平均埋深450m，所以模型上没有模拟到的岩层需要加载荷来补偿垂直应力，本次补偿荷载选取杠杆加压，如图5-4所示。补偿荷载按如下公式计算：

$$p = s \cdot (\rho H \alpha_\sigma - \rho \alpha_\gamma h) \tag{5-1}$$

式中，p 为补偿荷载（kN）；s 为模型横截面积（m²）；ρ 为煤层覆岩平均容重（kg/m³）；H 为煤层埋深（m）；α_σ 为应力相似系数；α_γ 为容重相似系数；h 为模型模拟覆岩厚度（m）。代入各项参数,经计算所需补偿荷载为 89.25kN。

图 5-3 F_1 断层相似材料模型

图 5-4 补偿荷载杠杆加压图

(三) 监测控制点布置

为了研究采动条件下 F_1 断层对工作面围岩岩体采动效应的影响,本次模拟对工作面回采过程中,顶底板应力及位移进行了实时跟踪监测,应力监测采用 YBS-1 微型压力盒,通过静态电阻应变仪(CM-2B-64 程控静态电阻应变仪)获得其微应变,再经换算公式求出应力,公式为:

$$P = \mu\varepsilon \times k \tag{5-2}$$

式中，P 为压力值(kPa)；$\mu\varepsilon$ 为应变量；k 为率定系数(由应力传感器出厂时提供)。

位移测量根据全站仪在相似材料模拟试验中的观测数据以及数据处理原理，以 Matlab 为平台，得到模型上各位移测点的位移情况，这样就得到各测点的应力及位移量，最后将实验结果按原相似比换算，就可得出现场的有关规律。具体所用到的测试仪器见图 5-5。

本次模拟试验主要研究目的是为研究工作面在回采过程中，断层带构造对煤层底板岩体采动效应的控制作用，包括 7 煤底板及断层带两侧岩体的采动效应变化情况。因此，模型中测点主要布置在近断层带 7 煤底板及两盘岩体附近。

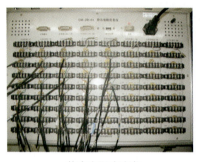

a.静态电阻应变仪　　　　　　　　b.应力传感器

图 5-5　应力采集系统

1. 应力测点布置

模型中，在断层上盘距离煤柱宽度分别为 50cm、40cm、30cm 3 条垂向上，铺设 3 条应力测线，第一条和第三条测线上布置 7 个应力测点分别为距离 7 煤层顶板 10cm 和 20cm，底板 4cm、10cm、22cm、31cm、42cm；第二条测线布置测点 5 个，分别在 7 煤底板 4cm、10cm、22cm、31cm、42cm；测线 4，平行断层方向，在距断层带 5cm 处，布置 5 个测点分别为距 7 煤顶板 10cm，距底板 4cm、10cm、22cm 和 31cm。

此外，为了研究断层带对煤层开采后采动应力传递的影响及应力在下盘的传递规律，本次模拟在下盘布置两条测线：测线 5，下盘距断层 5cm 平行断层方向，布置测点 7 个，分别为距八灰顶板 15cm 和 5cm，八灰底板 1cm、12cm、25cm、37cm 及 54cm；测线 6，距煤柱 14cm 垂向处，布置 4 个测点，分别在八灰底板 1cm、12cm、25cm、37cm。具体应力测点布置见图 5-6，应力测试系统见图 5-7。

2. 位移测点布置

在工作面回采(缩小煤柱开采)过程中，还需对煤层顶底板及断层附近岩体的位移进行跟踪监测，本次模拟采用网格法对煤层顶底板位移进行测量。具体是将模型一面涂上比较淡的白色涂料，再用墨盒绘上边长都为 5cm 的正方形网格，见图 5-8，在网格线的交点选择

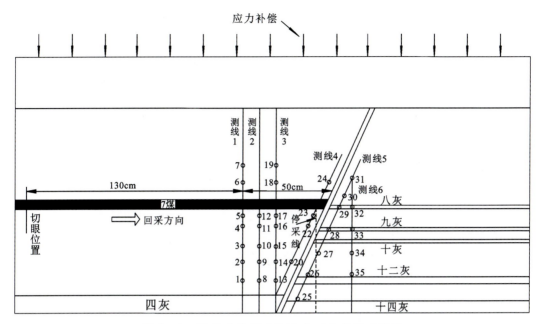

图 5-6 模型开采顺序与应力测点布置示意图

图 5-7 应力测试系统

性地贴上带有"十"字丝的标签,并使"十"字丝中心与网格线交点重合,见图 5-9,最后借助全站仪进行读数。

在水平方向布置了 6 条位移测线,分别在 7 煤顶板 5cm、150cm、20cm、50cm,底板 5cm 和 10cm,位移测点间距为 10cm,在断层带两侧进行局部加密,测点间隔 5cm,位移测点共计 172 个,具体位移测点布置图见图 5-10。

图 5-8 模型网格划分布示意图

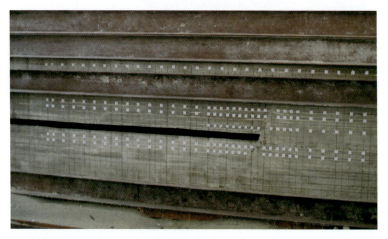

图 5-9 模型位移测点标签示意图

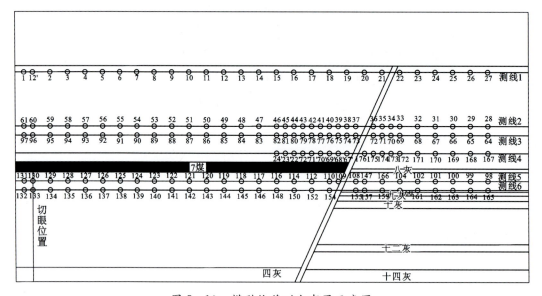

图 5-10 模型位移测点布置示意图

二、开采试验及结果分析

本次相似模拟试验对近断层边界 7 煤进行开采试验,重点模拟随断层煤柱减小,煤层顶底板及断层带两侧岩体的采动效应特征。模型建立后进行模型预加载,放置两天后,待应力完全传递到各岩层之后对加载系统应力清零,同时开始开采试验。煤层从左向右,向着 F_1 断层推进,煤层左侧留 1m 约束煤柱,首次开采 10cm 后每隔两小时开采 5cm,共计开采 175cm,最后 F_1 断层煤柱为 5cm,然后模型放置两天,待应力传递稳定后停止测试。

开采过程中,应力的监测采用微型压力盒,通过静态电阻应变仪获得其微应变,再计算出对应的应力值。本次共布置应力测点 35 个,有效应力测点 28 个,压力盒计数为时间触发,每隔 10min 记录一次数据。从预加载到最后试验结束,总级数为 1292 级,累计 215h。

位移的监测采用网格法进行,模型共设计 172 个位移测点,共观测 12 次,共计读数 4128 次,利用全站仪在相似材料模拟试验中的观测数据以及数据处理原理,以 Matlab 为平台,对数据进行处理,得到煤层回采过程中顶底板以及断层下盘岩体的位移变化曲线。每次测量均在开采前进行测量,以保证位移达到稳定。

(一) 煤层开采过程中模型观测

本模型由于开采煤层较厚,且采用一次采全高进行开采,因此,煤层在开采过程中,上覆岩层随煤层开采所发生明显的变化。图 5-11a 为开切眼时的情况,图 5-11b 为工作面推进 20cm 的情况,开采 25cm 过程中煤层顶板发生初次垮落,垮落带高度 3cm,见图 5-11c。工作面继续推进,当推进 30cm 时,顶板再次垮落,见图 5-11d。推进 120cm 时,煤层顶板上 53cm 处出现离层,见图 5-11e。最终推进 175cm 时,顶板弯曲下沉加剧,斜交裂隙发育,见图 5-11f。

煤层在开采过程中,除了顶板发生明显的变化外,底板也发生不同程度的变化,但是变化程度较顶板小,煤层推进 145cm(煤柱 35cm),采空区底板有较明显的底鼓现象,见图 5-12。此外,工作面推进 150m 后,断层带开始发生变形,距断层 20m 发生明显的破坏,见图 5-13。

(二) 开采模拟结果分析

1.7 煤开采过程中煤层顶底板及近断层带岩体采动应力变化规律

1) 水平方向垂向应力传递规律

随着工作面的推进,顶板悬跨度逐渐增加,悬露面积增加,顶板传递到煤壁前方的压应力随之增加。煤层前方底板受力状态为先受压,当煤层回采之后,底板采空区卸压,底板应力释放,由受压过渡为卸压。在应力曲线上变现为,沿工作面回采方向上,应力先增加后减小,应力峰值不断向推进方向前进,且煤柱缩小,跨距增大,应力峰值也在不断增大,顶板应力变化也是先增加后减小,采动应力在水平方向变化曲线见图 5-14。从图中可以看出,不

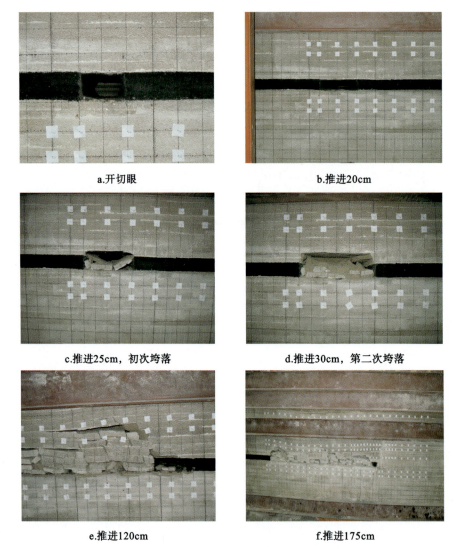

图 5-11 煤层开采过程顶底板变形破坏特征图

同深度位置测点所得曲线形态变化规律基本一致,即当煤柱为 30cm 时应力达到高峰,如图 5-14b 所示,14♯测点采动应力最大值为 127.64kPa,而 20♯测点最大应力值为 111.19kPa,14♯测点应力大于 20♯测点,说明煤层底板下方不同深度采动应力,均为当工作面推进 150cm,即煤柱宽度为 30cm 的时候到达最大值,而小于 30cm 后应力开始下降。

2)采动应力在垂直方向的传递规律

本次模拟在断层煤柱 50cm、40cm、30cm 处,煤层顶底板垂直方向布置了应力测点,在同一垂直测线上,顶底板应力变化仍为先增加后减小,应力变化曲线见图 5-15。在底板下 4cm 深度,当煤柱宽度为 30cm 时,应力反应最为明显,表现为煤柱超前支承压力最大,其中

图 5-12 推进 145cm 底鼓现象

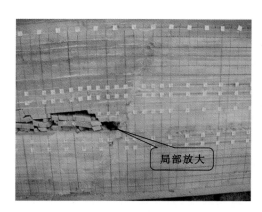

图 5-13 随煤层开采煤柱减小断层带变形破坏情况

17#测点最大集中应力达 174.10kPa,应力集中系数达 2.57 倍,开采过后卸压最为明显,达到负值。此外,底板采动应力变化规律并不是按照距底板深度成正相关关系,即不是离底板越近应力反应越明显。底板深度在 31cm 处峰值应力较 22cm 处大,如同一垂向上 2#、9#、14#测点值大于 3#、10#及 15#测点应力值。从模型中可以发现底板下方 31cm 处为泥岩与砂岩过渡地带,应力在泥岩中积累,应力集中明显,而底板下方 42cm 处应力测点增幅最小,说明采动应力在泥岩处被阻隔,传递受阻,揭示了软岩的控制作用。

3)断层带两侧岩体采动应力变化规律

为了研究工作面回采过程中断层带附近应力的变化情况,在断层两侧附近布置了应力测点,应力变化见图 5-16 所示。22#测点和 24#测点应力增幅基本一致,均小于 20#测点应力值,反映出受断层带的影响,采动应力在煤层底板深部应力集中程度明显高于顶板;煤层顶板上方,断层带附近应力在不断增加(24#测点),表现为应力在该处始终处于受压状

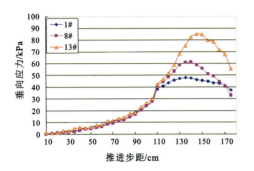
a. 煤层底板下42cm深度处应力曲线（1#为距断层30cm；8#为距断层25cm；13#为距断层10cm）

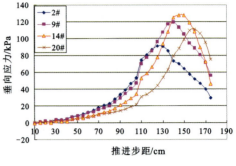
b. 煤层底板下31cm深度处应力曲线（2#为距断层35cm；9#为距断层25cm；14#为距断层15cm；20#为距断层5cm）

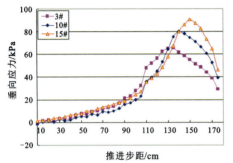
c. 煤层底板下22cm深度处应力曲线（3#为距断层40cm；10#为距断层30cm；15#为距断层20cm）

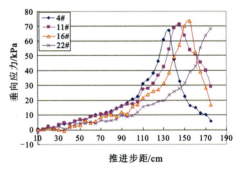
d. 煤层底板下10cm深度处应力曲线（4#为距断层45cm；11#为距断层35cm；16#为距断层25cm；22#为断层5cm）

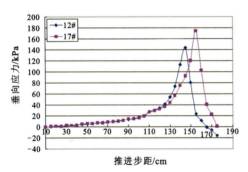
e. 煤层底板下4cm深度处应力曲线（12#为距断层40cm；17#为距断层30cm）

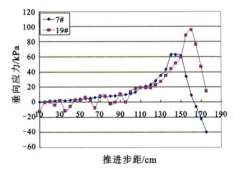
f. 煤层顶板上22cm应力曲线（7#为距断层55cm；19#为距断层35cm）

图 5-14 水平方向顶底板采动应力随工作面推进变化曲线图

态，在煤层底板深度 31cm 处，断层带附近应力变化趋势为先增大后减小，当煤柱宽度为 20cm 时，最大应力达 111.18kPa，之后应力开始降低（20#测点），说明近断层带上盘岩体受力状态由受压逐渐过渡为卸压状态；而在煤层底板深度 10cm 处，断层带附近由于受剩余煤柱的影响，始终表现为受压状态（22#测点），如图 5-16a 所示。因此，若断层导水则对盘承压水可能沿底板深部卸压区通过底板采动裂隙进入工作面而发生底板突水事故。

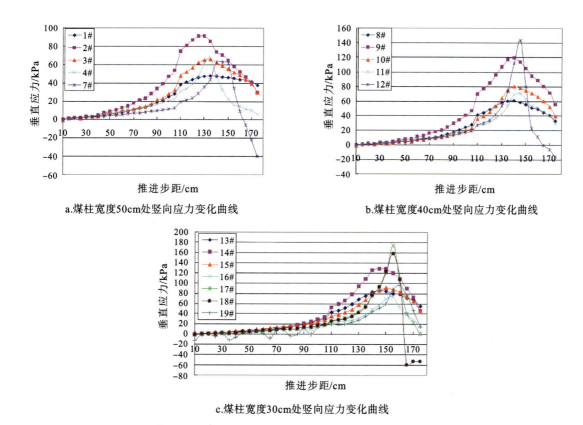

图 5-15 垂直方向顶底板采动应力随工作面推进变化曲线图

为了研究煤层回采过程中,断层带对应力传递的影响,本次试验在下盘断层带附近同样布置了应力测点,得到应力通过断层带传递到断层下盘,除了 27# 测点应力在煤柱宽度小于 10cm 后有小幅下降趋势外,其余各应力测点均为不同程度增加,且沿水平方向上,下部应力增加幅度大于上部(26#、27# 测点应力大于 29#、30#、31# 测点),煤层上方 30# 测点和 31# 测点应力小幅度增加,如图 5-16b 所示。此外,下盘近断层带岩体中 28# 测点应力增幅最大,最大采动应力值为 155.7kPa,明显高于其他各点,说明 28# 测点在采动应力的传递轴上,应力向工作面前方斜下方传递,传递方向与垂直方向夹角约 37°。

此外,对断层带两侧岩体中近同一深度位置的两个应力测点值(24#、31#)进行了比较分析,如图 5-16c 所示,随着工作面的回采,两应力均为增加趋势,在工作面推进 155cm 之前,二者增幅基本一致,当推进 160cm 时,即煤柱宽度小于 20cm 后,24# 测点应力值增幅明显大于 31# 测点,24# 测点最大值为 78.52kPa,而 31# 测点值仅为 46.19kPa,可见上盘断层带附近岩体应力集中程度明显高于下盘。由于二者埋深一致,同时水平距离近,但应力集中程度出现了明显差异,说明由于断层带的存在使采动应力在上盘断层带附近产生了集中现象,虽然采动应力部分传递至下盘岩体中,但松散的断层带对应力的传递起到了明显的阻隔效果,断层带"吸收"部分能量,这种采动应力的差异性分布可能导致上盘岩体沿断层面发生错动,造成断层带的活化。

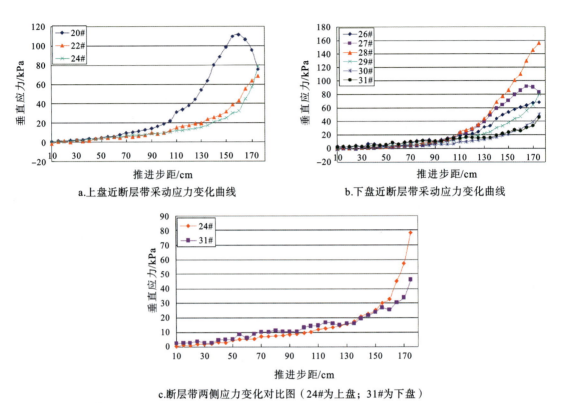

图 5-16　近断层带岩体采动应力随工作面推进变化曲线图

4)应力在断层带下盘的传递规律

为了研究上盘集中应力通过断层带后在下盘岩层中的传递规律,在下盘岩层中距断层带不同距离布置了应力测点,得到应力在垂直方向上传递与上盘规律一致,即中部34#测点的应力最大,其上部和下部测点应力相对较小,见图5-17a。此外,对比34#测点位置可知,该点正好位于前述采动应力在底板下方的应力传递轴方向附近,验证了应力传递轴的存在;下盘应力在水平方向的传递规律为远离断层带应力变化幅度小,且应力增加有一定的滞后性,应力在传递过程中对远离断层带的区域影响将越来越小,见图5-17b~d。

2.7 煤开采过程中断层带两侧岩体位移变化规律

为了研究煤层回采过程中断层带两侧岩体位移规律的差异,揭示断裂构造对位移的影响,在模型上布置6条水平位移测线,观测12次,以开采前观测值作为基础,每次测量值减去初始值,即可得到每次的位移值。

测量原理:相似材料模拟试验是在模型上设置岩层移动观测线,A、B、C、D为设在模型

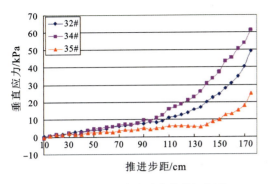
a.断层带下盘应力垂直传递规律图

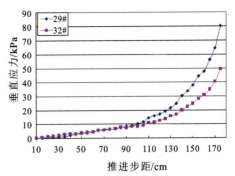
b.煤层埋深处应力水平传递规律图（29#为距断层5cm；32#为距断层10cm）

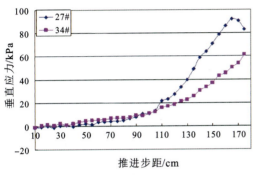
c.底板深度25cm处应力水平传递规律图（27#为距断层5cm；34#为距断层25cm）

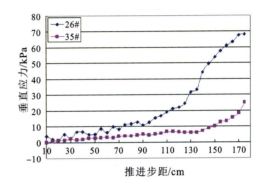
d.底板深度40cm处应力水平传递规律图（26#为距断层5cm；35#为距断层35cm）

图 5-17　应力在断层带下盘水平传递规律图

架左、右两侧固定架上的控制点，这 4 个点不受开采影响。要求 A、C 点和 B、D 点必须处在同一水平高度上，并精确量取 A、C 点和 B、D 点之间距离为 L；A、B 点和 C、D 点必须处于同一铅垂线上，并精确量取 A、B 点和 C、D 点之间的距离为 H_0，这些数据作为计算的起算数据。

采用 LeicaTS02 型全站仪对测点进行位移观测，采前独立进行两次全面观测，采中和采后期间共进行多次全面观测。全面观测时，在模型架的正前方 5～10m 处固定点 O 安置全站仪，对 A、B、C、D 4 个点进行 2 个测回观测水平角和垂直角。

如图 5-18 所示，假设固定点 A、B 到 O 点的水平投影距离为 L_1，C、D 到 O 的距离为 L_2，L_1 与 L_2 的水平夹角为 θ_0，观测 A、B、C、D 4 个点的竖直角分别为 φ_1、φ_2、φ_3、φ_4，假设 A、C 两点的高度为 H_1，B、D 两点的高度分别为 H_2（图 5-18a），则有：

$$H_1 = L_1 \cdot \tan\varphi_1$$
$$H_2 = L_1 \cdot \tan\varphi_2$$
$$H_0 = H_1 - H_2 = L_1 \cdot (\tan\varphi_1 - \tan\varphi_2)$$

所以 $L_1 = \dfrac{H_0}{\tan\varphi_1 - \tan\varphi_2}$。

同理,对于 C、D 两点:

$$H_1 = L_2 \cdot \tan\varphi_3$$
$$H_2 = L_2 \cdot \tan\varphi_4$$
$$H_0 = H_1 - H_2 = L_2 \cdot (\tan\varphi_3 - \tan\varphi_4)$$

所以 $L_2 = \dfrac{H_0}{\tan\varphi_3 - \tan\varphi_4}$。

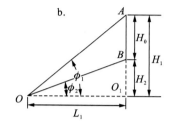
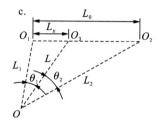

图 5-18 计算原理图

取模型内任意点 X,设 X 点到 O 点的水平投影长度为 L,到 AB 边的水平距离为 L_x,到 AD 边的垂直距离为 H_x。对该点进行观测,可得水平角 θ_1、θ_2(图 5-18b)。经过计算可以得到:

$$L_x = \frac{L_0 \cdot \sin\theta_1 (\tan\varphi_4 - \tan\varphi_3)}{\sin\theta_1 (\tan\varphi_4 - \tan\varphi_3) + \sin\theta_2 (\tan\varphi_1 - \tan\varphi_2)} \tag{5-2}$$

$$H_x = \frac{H_0 \cdot \tan\varphi_1}{\tan\varphi_1 - \tan\varphi_2} - \frac{H_0 \cdot \sin(\varphi_1 + \varphi_2) \cdot \tan\varphi_x}{\sin\theta_1 \cdot (\tan\varphi_4 - \tan\varphi_3) + \sin\theta_2 \cdot (\tan\varphi_1 - \tan\varphi_2)} \tag{5-3}$$

根据上述式(5-2)、式(5-3)可以计算模型内任意点在模拟开采前的 L_{x0} 和 H_{x0} 以及开采后的 L_{xi} 和 H_{xi},从而求出点位的垂直位移 W:$W = H_{xi} - H_{x0}$,水平位移 U:$U = L_{xi} - L_{x0}$。

根据每次测量时的级数,再对照开挖记录表,就可得到每次测量所对应的推进步距,本次 7 煤共开采 175cm,开采后在放置稳定期间又跟踪测量两次,因此选取工作面推进 25cm、60cm、80cm、105cm、125cm、150cm、165cm、170cm、175cm、停采 1 及停采 2,对 6 条位移测线进行观测。

1)煤层顶板垂直位移变化规律

随着工作面的不断向前推进,岩层内部下沉盆地的范围逐步扩展,在开采空间从极不充分→非充分→超充分采动程度的变化过程中,下沉盆地的形状也从碗型过渡到槽型,在工作面两端位移最小,采空区中央位移最大。开采距离较小时,下沉盆地呈近似对称分布,随着工作面距断层距离的减小,由于断层的存在导致上、下盘位移产生差异,曲线形态的不对称性越来越明显,说明断层对垂直位移有明显的控制作用,如图 5-19 所示,图中位移量已根据相似比转化为实际值。

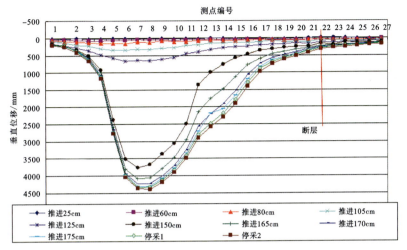

a. 测线1垂直位移曲线图

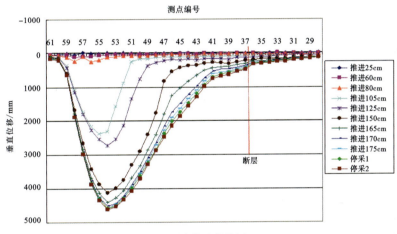

b. 测线2垂直位移曲线图

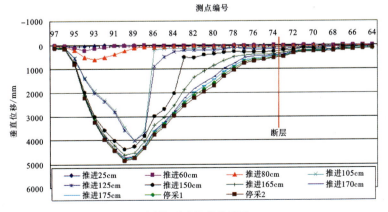

c. 测线3垂直位移曲线图

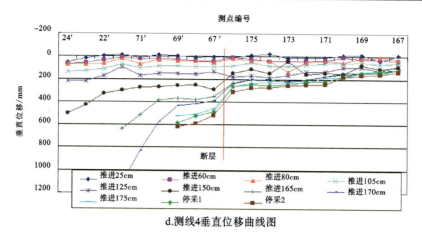

d.测线4垂直位移曲线图

图5-19 断层带两侧煤层顶板垂直位移曲线图

当工作面推进到150cm且煤柱宽度为30cm时,1号观测线位移出现突变,如图5-19a所示,最大垂直位移为43.92mm,顶板出现明显下沉;当工作面推进105cm时,2号测线位移出现突变,最大垂直位移为46.22mm,如图5-19b所示;当工作面推进80cm时,3号测线位移出现明显变化,最大垂直位移为47.47mm,说明离煤层越近,顶板最大垂直位移越大,反应越明显,如图5-19c所示。当煤柱为30cm时,断层带两盘位移出现明显差异,两侧最大位移差达1.44mm,换算实际值后为14.4cm,断层带两侧垂直位移出现差异会导致断层的相对错动,即发生断层活化,不利于阻水。当工作面停采后位移基本保持不变,这说明当下沉量达到最大值以后,岩层垂直移动开始衰弱,并趋向稳定。

为了研究断层带对位移分布的控制作用,对近断层带两侧位移进行观测,在煤层顶板5cm处,局部进行加密,布置了测线4。由于在煤层回采过程中,顶板垮落,部分测点到后期掉落,测线4垂直位移变化曲线见图5-19d。从图中可以看出,随着推进,断层上盘位移不断增加,而下盘位移基本不发生变化。当推进150cm时(煤柱宽度30cm),断层带两侧位移开始出现明显差异,断层带两侧位移差值为1.44mm,当停采后,最大位移差达2.05mm。可以看出,当煤柱小于30cm后,煤层附近断层带两侧的相对错动已经非常明显,断层已发生了活化。

2)煤层底板垂直位移变化规律

断层带上盘,煤层底板在煤层回采过程中,煤层底板受力状态为受压—卸压—恢复,初始由于受支承压力的影响,底板前方处于受压状态,底板位移方向向下且不断增加,当煤层开采之后,采空区底板为卸压状态,底板位移方向向上,即出现底鼓现象,位移曲线图上变现为推进的后一次位移较前一次减小,出现位移回弹,即随着推进位移减小,如图5-20所示停采1在上盘中的位移小于开采过程中的位移;而断层带下盘则由于始终处于受压状态,底板位移始终向下,且不断增加,这样在煤层开采过程中,就会在断层带两盘出现位移差异。同样当推进150cm且煤柱宽度为30cm时,断层带两侧位移出现明显差异,最大位移差为0.78mm,则断层发生了明显的相对错动。

第五章 含断裂构造岩体采动效应研究

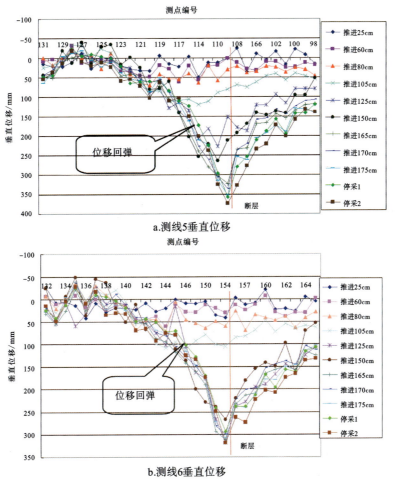

图 5-20 断层带两侧煤层底板垂直位移曲线图

3）断层带两侧煤层顶板水平位移变化规律

从图 5-21 可以看出，随着工作面不断向前推进，断层上盘煤层顶板水平位移显示出明显的正、负交替性，即以采空区中部为中心，工作面后方岩层水平位移向右，而工作面前方水平位移向左，且水平位移随着距采空区中心距离的增加而减小；下盘位移变化不大，只是由于读数误差导致小幅度波动。

当工作面推进到 150cm 且煤柱宽度为 30cm 时，1 号观测线上盘水平位移出现突变，之后小幅度增长直至稳定，最大水平位移为 2.25mm，方向向右，由于距煤层较远，断层带两侧位移差异不大，如图 5-21a 所示；当工作面推进 150cm 时，2 号测线水平位移出现明显变化，最大水平位移为 2.639mm，方向向右，2 号测线由于离煤层较近，所以断层带两侧水平位移出现较大差异，最大位移差为 0.476 8mm，如图 5-21b 所示；当工作面推进 165cm 时，3 号测线断层带两侧位移出现明显差异。

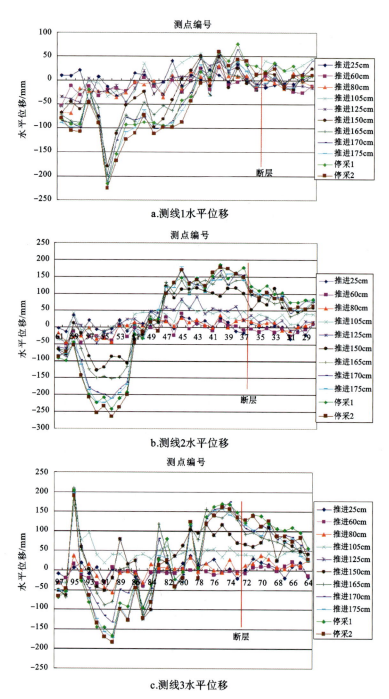

图 5-21　断层带两侧煤层顶板水平位移曲线图

4) 断层带两侧煤层底板水平位移变化规律

煤层底板两条测线，水平位移出现相似的变化规律，从图 5-22 中可以看出，断层上、下盘底板深度处水平位移方向均向左,在曲线上位移为正,两盘岩体水平位移都是随着距断层距离的减少而增加,靠近断层处水平位移增大,说明断层同样对水平位移存在影响。此外,在近断层带两侧相同深度岩体水平位移同样存在明显的位移差,与垂向位移变化规律相同,且都是在煤柱宽度小于30cm后,在断层带两侧开始出现明显位移差。

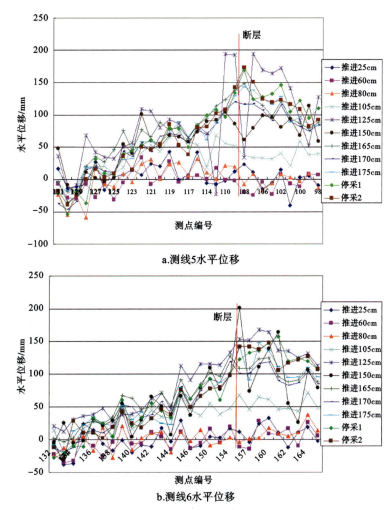

图5-22 断层带两侧煤层底板水平位移曲线图

第三节 F_1 断层采动效应数值模拟

一、模型的建立

根据研究区实际地质资料,建立了数值模型,地质模型几何形状为宽 250m,长 400m,高 230m,模型共分成 621 400 个网格,模拟岩层倾角为 25°,地质模型图见图 5-23。边界条件设置:底部全固定,四周水平方向限制,顶部自由边界,并施加上覆岩土荷载。初始应力条件:施加渐变内部应力,尽量与边界条件平衡,然后运行几千步达到初始应力真正平衡,模型力学参数如表 5-3 所示。

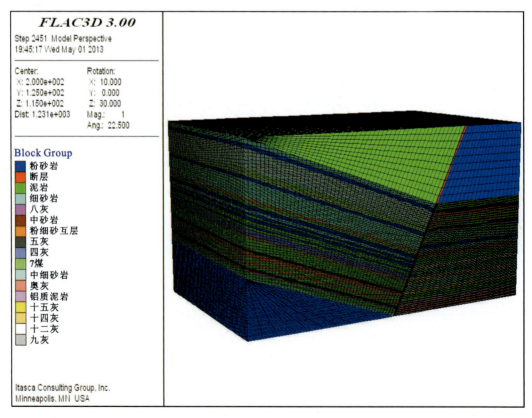

图 5-23 地质模型图

表 5-3　数值模拟模型力学参数表

岩性	参数					
	体积模量/GPa	剪切模量/GPa	密度/(g·cm⁻³)	内聚力/MPa	内摩擦角/(°)	抗拉强度/MPa
细砂岩	8.400	6.500	2.65	2.4	25	2.50
粉砂岩	10.000	7.530	2.65	3.5	27	2.80
中砂岩	11.460	10.800	2.64	4.0	35	2.80
中细砂岩	10.416	9.818	2.64	4.2	42	3.00
粉细砂互层	9.660	8.680	2.64	2.8	40	2.64
泥岩	7.750	4.210	2.54	2.0	28	2.00
7煤	0.220	0.080	1.42	1.5	20	0.30
四灰	6.148	4.233	2.65	6.5	44	3.50
五灰	6.148	4.233	2.65	6.5	44	3.50
八灰	6.148	4.233	2.65	6.5	44	3.50
九灰	10.223	7.668	2.65	7.5	44	3.85
十灰	6.148	4.233	2.65	6.5	44	3.50
十二灰	10.223	7.668	2.65	7.5	44	3.85
断层	0.100	0.060	1.80	0.6	22	0.03

二、计算方案

本次模拟主要是研究随着断层煤柱宽度的逐渐缩小,煤层在开挖过程中煤层顶底板采动效应的差异以及工作面在回采对断层带岩体的影响。通过模拟,分析研究不同煤柱宽度条件下,工作面在回采过程中煤层顶底板的应力分布、塑性状态、位移大小及断层带岩体的应力和两盘位移,以确定断层带是否受采动影响而发生活化。

在模拟过程中,工作面回采沿煤层走向并顺断层煤柱线推进,一种断层煤柱开采一个循环,故选取不同的煤柱宽度,分别为 60m、55m、50m、45m、40m、30m,采用初次来压步距30m、周期来压步距 20m 进行开挖,共进行了 6 次循环模拟过程,模拟不同断层煤柱宽度的采动效应特征。由于考虑在推进过程中对断层煤柱的叠加影响,模拟推进 90m 之后基本稳定。

三、计算结果分析

(1)随着煤层的开挖,由于支撑压力的存在,在工作面两端出现应力集中现象,随着工作面向前推进,两段应力集中程度及范围都在不断增大,而在采空区煤层顶底板出现卸压现象,且由于断层的存在,工作面前段的应力集中被断层阻隔,前端应力在断层带岩体上集中,如表5-4所示。同一煤柱随工作面推进其垂直应力逐渐增大,但随断层煤柱的减小,垂直应力相对减小,这可能与受断层的影响有关。

表 5-4 工作面下端最大垂直应力统计表

推进步距/m	应力/MPa					
	煤柱宽度/m					
	60	55	50	45	40	30
30	16.00	16.00	16.00	16.00	16.00	16.00
50	17.95	17.75	17.54	17.29	17.00	16.69
70	17.99	17.73	17.47	17.14	17.12	17.11
90	18.09	17.81	17.50	17.49	17.48	17.47

(2)底板破坏深度统计见表5-5,由表可知,随工作面推进,同一煤柱宽度工作面底板破坏深度逐渐增加,最大达到20m;随断层煤柱的减小,工作面推进初期底板采动破坏深度较大,当推进至90m时,底板破坏深度趋于一致。随着煤柱宽度的不断减小,煤层底板塑性区不断向断层带靠近,底板塑性区边缘与断层带之间的距离越来越小,对断层阻水不利,如表5-6所示。

表 5-5 底板破坏深度统计表

推进步距/m	破坏深度/m					
	煤柱宽度/m					
	60	55	50	45	40	30
30	11	15	15	15	15	15
50	17	16	16	16	16	16
70	18	17	18	17	17	18
90	20	20	19	20	20	20

表 5-6 不同断层煤柱宽度工作面下端底板塑性破坏区距断层距离统计表

推进步距/m	塑性区距断层距离/m					
	煤柱宽度/m					
	60	55	50	45	40	30
30	44.8	39.2	33.6	28.0	22.4	16.8
50	44.8	39.2	33.6	28.0	22.4	16.8
70	44.8	39.2	33.6	28.0	22.4	16.8
90	39.2	33.6	28.0	22.4	16.8	11.2

(3) 在工作面回采过程中,煤层采空区顶板位移不断增加,底板出现底鼓,同时由于断层带的存在,断层带两侧岩体位移出现一定差别,表现为断层上盘整体位移较下盘大,且随煤柱的减小,上盘位移逐渐增大,下盘基本不变。两盘位移不同则会造成断层带的错动,容易使断层发生活化,诱发断层导水。随着工作面推进,上盘位移有变大趋势,两盘的相对错动会逐渐变大,但随着推进,错动会趋于稳定。以上说明,工作面开采的前期是断层带错动危险期,同时也是突水危险期,随着工作面采空区的逐渐压实,后期开采断层带两盘相对稳定。

(4) 为了研究在煤柱宽度不断缩小的过程中断层带附近应力的变化情况,在煤柱宽度不同的情况下,工作面推进90m时,在上盘断层带附近进行了应力的监测,见图5-24。

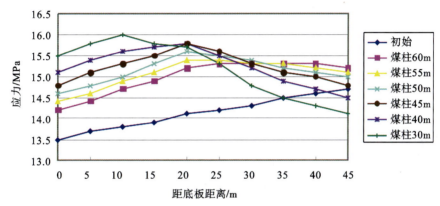

图5-24 工作面推进90m不同宽度断层煤柱下断层带应力监测图
(距断层5m,距切眼72m)

从应力监测图中可以看出,距底板20m范围之内,不同煤柱宽度底板应力均不断增加,且较未采动前初始应力大,随着煤柱宽度的减小,应力增加幅度也不断增大,表现为受采动影响底板为受压状态;煤层底板20m下,煤柱宽度为50~60m,底板应力基本保持不变,仍为受压状态。当煤柱为40m时,底板应力已较初始应力变小,而当煤柱宽度为30m时,应力出现大幅度下降,底板应力的降低表现为受采动影响的卸压。

(5) 同时在不同煤柱宽度、不同推进步距的情况下,对断层带附近应力进行了监测,见图5-25。从不同煤柱宽度推进步距下断层带应力监测图中可以看出,距底板20m范围之内,随着工作面推进,底板应力均不断增加,较未采动前初始应力大,表现为受采动影响底板为受压状态;煤层底板20m下,煤柱宽度为60m、55m,底板应力有随着推进增加的趋势。当煤柱宽度50m时,应力基本保持稳定,无增加趋势,仍为受压状态,而当煤柱宽度为45m、40m、30m时,应力出现下降趋势,煤柱为30m时趋势明显,说明随工作面推进,底板应力由原来的受压逐渐变为卸压,对断层阻水不利。

(6) 对断层带下盘关键含水层,包括十二灰、十四灰及奥灰3个主要层位,及其在上盘对接层位,在不同煤柱宽度条件下,进行了应力的跟踪监测,同时与初始未采动应力进行对比分析,见图5-26~图5-28。

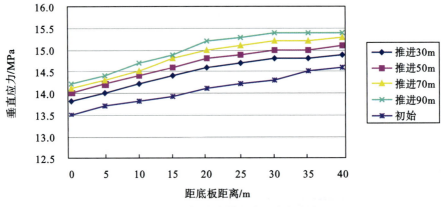

a. 煤柱宽度60m工作面不同推进步距应力监测图

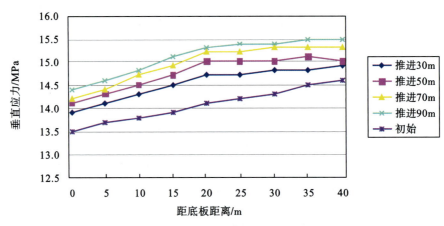

b. 煤柱宽度55m工作面不同推进步距应力监测图

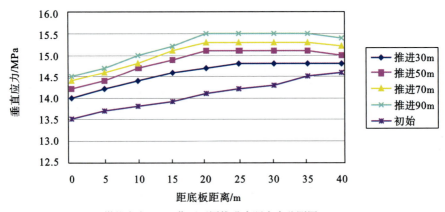

c. 煤柱宽度50m工作面不同推进步距应力监测图

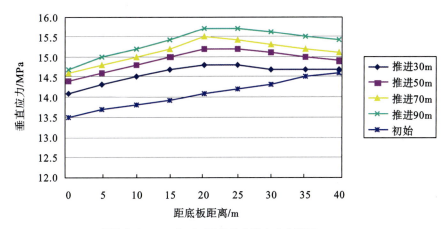

d. 煤柱宽度45m工作面不同推进步距应力监测图

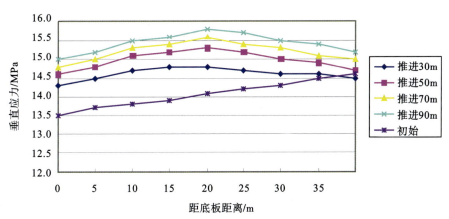

e. 煤柱宽度40m工作面不同推进步距应力监测图

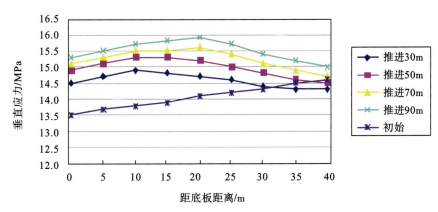

f. 煤柱宽度30m工作面不同推进步距应力监测图

图 5-25 不同煤柱宽度、不同推进步距下断层带应力监测图

(距工作面 2m,距断层 5m)

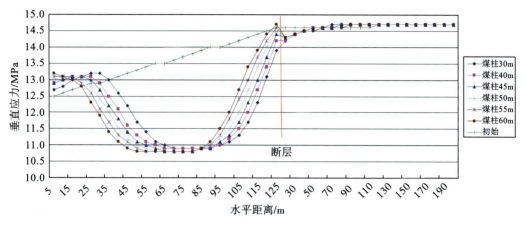

图 5-26 十二灰及其对接层位应力变化监测图

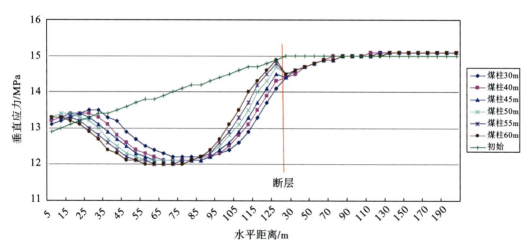

图 5-27 十四灰及其对接层位应力变化监测图

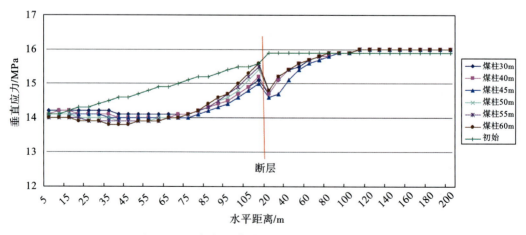

图 5-28 奥灰及其对接层位应力变化监测图

从图 5-26 中可以看出,与采动前初始应力相比,断层带上盘在煤层开采之后,于煤层底板形成应力松动圈,即底板卸压区,十二灰在上盘的对接层位,卸压表现明显,应力曲线呈"U"形,且随着煤柱宽度的减小,应力波谷不断向断层带靠近;而断层带下盘十二灰应力只是在断层带附近有轻微扰动,随着距断层带距离的增加,应力基本保持不变。随着煤柱宽度的减小,上盘断层带附近的应力逐渐变小,断层带应力的减小,不利于对下盘含水层的阻水。当煤柱宽度为 45～60m 时,断层带上盘应力高于下盘,当煤柱宽度为 40m 时,上盘断层带附近应力与下盘断层带应力一致,而当煤柱宽度为 30m 时,上盘应力低于下盘,表现为在断层带附近卸压,十二灰中的灰岩水可能沿卸压区通过底板采动裂隙进入工作面。

从图 5-27 中可以看出,十四灰及对盘对接层位应力变化趋势与十二灰基本一致,断层带上盘应力变化曲线同样呈"U"形,但是大小与十二灰比较,明显变小,说明随着距煤层底板距离的增加,卸压范围及卸压程度会变小,同样随着煤柱宽度的减小,上盘断层带附近的应力会减小,当煤柱宽度为 45～60m 时,断层带上盘应力高于下盘,而当煤柱宽度为 40m 时,上盘断层带附近应力小于下盘断层带应力,开始出现卸压,但是卸压不明显,而当煤柱宽度 30m 时,卸压明显,不利于断层带的阻水。

从图 5-28 中可以看出,奥灰及对盘应力变化曲线,表现出与十二灰、十四灰不同的趋势,上盘应力变化较十二灰、十四灰明显变小,说明该层位受煤层采动影响已减小,随着煤柱宽度的减小,上盘断层带附近应力变化不明显,且上盘断层带附近应力始终高于下盘,表现始终为受压状态,不会随着煤柱宽度减小而发生卸压现象,对阻止奥灰水突水是有利的。

第四节 本章小结

(1)通过对含断层构造模型采动效应的相似材料模拟试验,得出随着工作面向断层不断推进步距条件下,煤层底板采动应力的变化规律。随着工作面的不断推进,工作面底板前方采动应力在水平方向上的变化特征为先增大后减小,根据相似理论,将试验模型尺寸按照相似比转换为现场尺寸后,煤柱宽度为 30m 时,采动应力到达峰值状态;在底板垂直方向上的变化规律为推进相同步距时,底板不同深度,采动应力变化规律不同,煤层底板下方 31m 且采动应力大于 22m 处,底板 40m 以下采动应力最小,说明泥岩对采动应力具有阻隔作用,应力在软岩中集中,传递受到阻碍。此外,通过对底板采动应力分布规律的研究还得出,采动应力向工作面前斜下方传递,传递方向与垂直方向夹角约 37°。

(2)通过全站仪对相似材料模拟过程中岩体位移测量,得到了随着工作面开采,煤层顶底板岩层移动规律。在工作面的开采过程中受采动影响,顶板出现下沉,底板出现底鼓,随着距断层距离的减小,位移量不断增加,同样根据相似比将模拟值转换为实际值,当工作面推进 150m,即煤柱宽度为 30m 时,顶底板位移量均出现了突变增大,同时在断层带两侧处位移量出现了明显的差异,主要表现在上盘近断层带附近岩体位移明显大于下盘相同位置位移,工作面附近断层带两侧最大位移差达 20.5cm,上盘岩体沿断层面发生错动,断层发生活化。

(3)通过对采动过程中岩体采动应力及位移的变化规律研究,得出断层带对岩体采动效应有着明显的控制作用,主要表现在采动应力会在上盘近断层带附近产生集中,下盘的采动应力值相对较小,断层带起到了明显的阻隔能量的作用,松散的断层带"吸收"部分能量,造成采动应力在穿过断层带后应力值降低;岩体采动过程中位移变化实质上是采动应力的产物,正是由于断层带造成了采动应力的差异性分布,导致了岩体位移也出现了明显的差异。在断层带两侧出现明显的位移差,会导致断层两盘岩体沿着断层带发生相对错动,造成断层活化,从而可能使深部承压水沿断层带进入工作面底板发生突水事故。

(4)通过含断层构造模型的相似材料模拟试验,进一步揭示了含断裂构造底板在采动条件下活化突水机理。研究表明,由于断层带的存在导致采动应力在两盘岩体中分布不均,造成了断层上、下盘岩体位移的差异,使断层上盘岩体沿断层面发生相对错动,从而引起断层活化,同时在上盘煤层底板深部近断层带位置岩体出现卸压,因此,对上盘灰岩承压水则可能经断层带由深部卸压部位进入工作面,发生底板突水事故。

(5)建立了 F_1 断层数值模型,开展了 7 煤层回采断层采动效应的数值模拟研究,得出了不同煤柱宽度断层的采动效应特征,表现为开采 7 煤层时,F_1 断层上盘采动影响范围为30~40m。

第六章 基于岩体结构效应的底板注浆加固与含水层改造工程应用

前面章节对不同岩体结构底板采动效应的研究,揭示了煤层底板采动效应的岩体结构控制机理。基于该理论,本章结合淮北矿区恒源煤矿下组煤Ⅱ615工作面开采过程中采用的工作面底板注浆加固改造工程,开展了工作面底板注浆加固前后采动效应的研究,从底板采动效应角度对注浆加固效果进行评价。通过对注浆前后底板岩体强度、波速的分析对比,研究底板岩体结构在注浆前后的差异;结合工作面底板注浆前后采动破坏的原位实测及底板采动效应的数值模拟,分析由于注浆改造而引起的工作面底板结构变化对采动效应的影响作用,进一步验证了煤层底板采动效应的岩体结构控制机理,为底板注浆加固改造方法提供理论支撑,并为其加固效果评价提供新的方法,进而指导矿井实际生产。

第一节 概 述

恒源煤矿位于安徽省淮北市濉溪县内,隶属于皖北煤电集团公司。矿井西以省界与河南省永城市毗邻,东距濉溪县约10km,东北距淮北市约13km。矿井东西宽2~4.2km,南北长6.2km,煤田面积约19km^2。矿井采用分水平上下山开拓方式,一水平采用立井、主石门、集中运输大巷开拓方式,二水平采用暗斜井、集中运输大巷的开拓方式。矿井生产水平为−400m和−600m,目前恒源煤矿已经进入二水平开采。采煤工作面以走向长壁工作面为主,少数为倾斜长壁工作面布置,采煤方法为炮采、高档普采和综采方式。

恒源煤矿目前已进入−600m二水平开采,随着矿井进入深部开采后,下组煤隔水层底板所承受的承压水水压也进一步增大,同时由于矿井内构造发育,底板结构薄弱、破碎,并发育岩溶陷落柱,下组煤6煤在开采过程中受高承压水的影响,存在底板突水的危险性。高承压底板水上煤层开采水害防治主要有两种方法,即疏水降压与带压开采。但疏水降压开采是有条件的,对于含水丰富、补给条件好、水头高的承压含水层,就不宜采用疏水降压方法。同时,对于某些含水层可以疏水降压,但疏水降压规模还受矿井排水能力的限制。恒源煤矿二水平(−600m)水头高,要疏水降压的水头值大,需疏放量大,疏放周期长,不仅排水费用高,也浪费水资源,而且影响生产接替,严重制约生产进度。因此,下组煤各工作面采取了工作面底板注浆加固改造的方法,以降低突水风险,保障深部安全、高效生产。

但对于注浆加固过后的煤层底板结构特征与加固前有何差异,目前大多数只是定性的研究与描述，对加固后的底板岩体结构和采动效应缺乏定量深入的研究，对注浆效果的评价也仅以注浆后底板钻探出水量的大小为主要依据。随着煤层采深增加和底板注浆加固措施的普遍采用，对注浆加固后底板岩体结构特征及其采动效应的研究也逐渐成为研究底板突水机理的一个重要方向，同时对注浆效果的评价也应采取更加科学、全面的方法。

第二节　矿井地质与水文地质概况

(一)井田地层

恒源煤矿属于淮北煤田濉萧矿区，位于淮北煤田中西部，在地层区划分上属于华北地层区鲁西地层分区徐宿小区。本区地层出露甚少，多为第四系冲、洪积平原覆盖。区内所发育地层由老到新，层序为青白口系(Qb)、震旦系(Zz)、寒武系($\in$)、奥陶系(O_{1+2})、石炭系(C)、二叠系(P)、侏罗系(J)、白垩系(K)、新近系(N)和第四系(Q)。矿井范围内无基岩出露，均为新生界松散层所覆盖，经钻孔揭露地层有奥陶系(O_{1+2})、石炭系(C)、二叠系(P)、新近系(N)和第四系(Q)，地层厚度大于1500m。

(二)含煤地层与主采煤层

本矿井含煤地层为石炭系、二叠系，钻孔揭露总厚度大于800m，为一套连续的海陆过渡相及陆相碎屑岩和可燃有机岩沉积。因石炭系和二叠系上石盒子组煤层在本区不稳定且不可采，不作为研究对象。

1. 下二叠统山西组($P_1 s$)

本组含矿井主采煤层为6煤层，根据岩石沉积特征，以6煤层为界分为上、下两段。

(1)下段(一灰—6煤层)。厚度为42.54～69.82m，平均为54.60m。下部为深灰色或灰黑色泥岩、粉砂质泥岩(俗称海相泥岩)，向上为粉砂岩、细砂岩，常见波状层理；上部常发育浅灰色细砂岩与深灰色泥岩(或粉砂岩)互层(俗称叶片状砂岩)，层面多含云母碎片，水平-缓波状层理、透镜状层理发育，具底栖动物通道，含菱铁矿结核和黄铁矿晶体。

(2)上段(6煤层—铝质泥岩)。厚度为41.40～68.80m，平均为53.90m。岩性为砂岩、粉砂岩和泥岩。6煤层间接顶板为砂岩，深灰色，中细粒结构，含深灰色泥质包体，局部相变成砂泥岩互层。顶部发育一层长石石英杂砂岩，灰—灰绿色，中—粗粒结构，泥质胶结、松散。

2. 下二叠统下石盒子组($P_1 xs$)

根据岩性特征和含煤情况，以3煤层为界分为上、下两段。

(1)下部富煤带(3煤层—4煤下铝质泥岩)。厚度为33.20~65.50m,平均为46.50m,为矿井主要可采煤层段之一,含3、4煤层,其中3煤层为局部可采煤层,4煤层为主要可采煤层。岩性由砂岩、粉砂岩、泥岩、铝质泥岩和煤层组成。底部为浅灰—铝灰色铝质泥岩,夹紫色、灰绿色花斑,细腻,含较多菱铁鲕粒,层位稳定。3~4煤层(组)间多为石英长石砂岩,灰—浅灰色,中细粒结构,常夹粉砂岩、泥岩薄层,局部相变为砂、泥岩互层,具水平—缓波状层理。

(2)上部少煤段(3煤层上—K_3砂岩底)。厚度为168.20~195.00m,平均为180.60m。含3个煤层(组),除个别点外均不可采。岩性由砂岩、粉砂岩、泥岩和煤层组成。3煤层上长石石英砂岩为3煤层直接或间接顶板,浅灰色,中细粒结构,含菱铁质鲕粒并显示波状层理,硅质胶结致密。

本矿井含煤地层(下二叠统山西组和下石盒子组)厚度为343.20m。其中,4、6煤层为主要可采煤层,平均总厚为4.48m,占可采煤层总厚的81.2%。

(三)地质构造

淮北煤田大地环境处在华北古大陆板块东南缘,豫淮坳褶带东部,徐宿弧形推覆构造中南部,东以郯庐断裂为界与华南板块相接,北向华北沉陷区,西邻太康隆起和周口坳陷,南以蚌埠隆起与淮南煤田相望。淮北煤田的区域基底格架受南、东两侧板缘活动带控制,总体表现为受郯庐断裂控制的近南北向(略偏北北东向)褶皱断裂,叠加并切割早期的东西向构造,形成了许多近似网状断块式的隆坳构造系统,以低次序的北西向和北东向构造分布于断块内,且以北东向构造为主。随着徐宿弧形推覆构造的形成和发展,淮北煤田区域形成了一系列由南东东向北西西向推掩的断片及伴生的一套平卧、歪斜、紧闭线形褶皱,并为后期裂陷作用、重力滑动作用及挤压作用所叠加而更加复杂化。推覆构造分别以废黄河断裂和宿北断裂为界,自北而南可分为北段北东向褶断带、中段弧形褶断带与南部北西向褶皱带。刘桥矿区位于淮北煤田中西部,在环境上处于徐宿弧形推覆构造中段前缘外侧下底偏北部位,大吴集复向斜南部翘起端,东有丰县-口孜集断裂,西有阜阳-夏邑断裂,南有宿北断裂,北有丰沛断裂。特定的区域地质构造背景决定了刘桥矿区经受过多期构造体系控制,经历不同方向构造应力作用,形成了现今复杂的构造轮廓。

本区既有断续显现的近东西向褶皱和压性断层,又有大中型北北东向褶皱和平移断层,两者相互干扰、叠加,这充分说明本区实质上是两期或两期以上不同方向的构造体系在同一地区大角度复合。新体系褶皱(北北东向)叠加、跨越在老体系(近北东向)褶皱之上,新体系受断层切割、改造老体系的褶皱和断裂,而老体系的构造形迹又限制、阻截新体系构造形迹的发育和延展。含煤岩系的基底由中下奥陶统组成。

恒源煤矿处于大吴集复向斜南部仰起端上的次级褶曲土楼背斜西翼。总体上为一走向北北东、向北西倾的单斜构造,次级褶曲较为发育,使局部地层呈北东向或北西向。地层倾角一般为3°~15°,受构造影响局部倾角变化较大。构造较为发育,其中不小于30m的断层有8条。恒源煤矿矿井构造纲要图如图6-1所示。

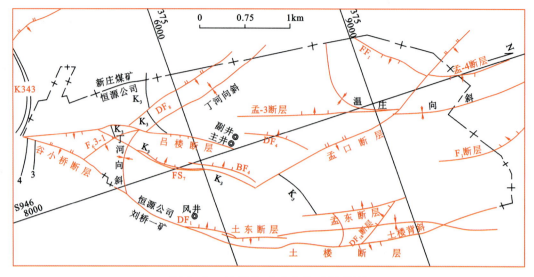

图 6-1 恒源煤矿矿井构造纲要图

(四)矿井水文地质条件

恒源煤矿为新近系、第四系松散层覆盖下的裂隙充水矿床。根据含水层赋存介质特征自上而下划分为新近系、第四系松散层孔隙含水层(组),二叠系煤系砂岩裂隙含水层(段),太原组石灰岩岩溶裂隙含水层(段),奥陶系石灰岩岩溶裂隙含水层(段)。各含水层(组、段)之间发育有相应的隔水层(组、段),分别为新生界松散层隔水层(组)、二叠系煤系隔水层(段)及本溪组铝质泥岩隔水层(段)。

本区含水层按性质可分为3类:孔隙潜水-承压水含水层、裂隙承压水含水层、岩溶裂隙承压水含水层。其中岩溶裂隙承压水含水层是矿井下组煤6开采过程中的主要水害威胁层,该含水层由上石炭统太原组灰岩和奥陶系灰岩组成。

本矿内太原组共揭露灰岩12层,累计厚为53.87m,占太原组总厚的46.6%,其中第三、四、五、十二、十三层石灰岩厚度较大,其余均为薄层石灰岩。地下水主要储存和运移在石灰岩岩溶裂隙网络之中,富水性主要取决于岩溶裂隙发育的程度,岩溶裂隙发育具有不均一性,因此富水性也不均一。第一、二层石灰岩厚度小,第三、四层石灰岩厚度较大,岩溶裂隙发育,含水丰富。根据抽水试验结果可知,太灰一至四灰渗透系数普遍较大,说明一至四灰岩溶裂隙发育,水动力条件好,六灰、十二灰岩溶裂隙不太发育,水动力条件相对较差,太灰上部一至四灰单位涌水量整体较大,在 2.33~23.78L/(s·m)之间,局部存在一定的不均一性,反映出太灰上部一至四灰富水性整体较强。

奥灰含水层和太灰含水层之间有厚度不稳定的本溪组铝质泥岩隔水层,在正常的情况下,二者之间是没有水力联系的,但在构造发育部位奥陶系灰岩含水层通过侧向对接或垂向越流补给太原组含水层,成为太原组灰岩含水层补给源。奥灰突水具有水压高、水量大的特征,也是矿井下组煤开采的重要安全隐患之一。

第三节 煤层底板加固与灰岩含水层改造注浆工程

一、简述

肥城矿务局(以下简称肥城局,现为肥城矿业集团有限责任公司)在煤炭生产过程中遭受多次突水灾害的侵袭后,经过多年的研究探索了注浆改造煤层底板灰岩含水层的治水方法。注浆治水技术作为摆脱受水威胁煤层的重要途径,具有技术可行、经济合理、安全可靠的特点,其使用范围很广,可以封堵由各种地质构造破坏造成的导水裂隙带及导水通道;可以改造含水层,使之成为弱含水层;可以加固隔水层原生与次生空隙、裂隙,使之成为不透水的阻水岩体。20世纪90年代前加固隔水层主要采用单液水泥浆注浆工艺,靠搅拌制浆完成。近年来经反复试验,黏土水泥浆注浆改造技术得到大面积推广,并且采用了电脑数控、传感器采集数据和计量螺旋变频调速,使黏土水泥制浆注浆在矿山水害治理方面不仅技术成熟先进,而且装备完善配套,处于世界先进水平。该技术在受底板岩溶含水层威胁的矿区中得到广泛应用,取得了明显效果,经济效益和社会效益显著。

二、地面注浆站应用概况

(一)地面注浆站应用背景

国内地面建注浆站最早应用于注浆堵水。由于它的连续性、方便造浆且更适合大量的注浆,比井下造浆有着无可替代的优越性和可靠性,因而得到了发展和推广。散装水泥罐与风动送料装置自1980年在肥城及其他矿务局成功应用后,国内矿山均采用注浆站进行大型注浆。

(二)地面注浆站的服务类型

现在建造的地面注浆站是在结合传统黏土水泥制浆工艺的基础上,采用并借鉴当代技术和就地取材的原则设计建造的,具有风动下料、射流造浆、制浆过程自动控制、浆液自动计量等特点,是煤矿深部水平注浆改造的重要防治水措施。

注浆治水技术作为解放受水威胁煤层的重要途径,具有技术可行、经济合理、安全可靠的特点,其使用范围广。经过20余年的发展完善,浆液所用材料和添加剂日渐多样,以低水泥用量配制的黏土及粉煤灰混合浆液得到了成功应用。

目前国内的地面注浆站主要服务于以下三类目标。

(1)淹没矿井突水点的封堵。堵水复矿的地面注浆站功能用于储灰、制浆、注浆,主要注浆材料为普通硅酸岩水泥,要求水泥浆在短时间内胶结,达到封堵出水点,为复矿创造先决条件。如肥城国家庄煤矿、开滦范各庄煤矿等。

(2)地质体改造。在地质体改造应用有3个方面:①底板含水层充填加固即富水性改造,如肥城局的工作面底板含水层注浆改造;②断层破碎带及陷落柱防渗加固,如峰峰局梧桐庄矿陷落柱防渗加固等;③采空区注浆,如防灭火注浆、人为的冒落带胶结性注浆。所用浆液有两类:①黏土及水泥混合浆;②粉煤灰和水泥混合浆液。二者均是地面建站将浆液自管路送到注浆点,送浆距离2000～4000m不等。此类注浆站应用最广,建站最多。

(3)巷道封堵及隔水工程砌筑及加固。这类工程一般是独头巷道出水后的快速封堵。地面建站造混凝土浆液,通过送料孔输送混凝土,井下建隔水工程,上下结合实现快速封堵巷道并达到封堵出水点的目的,多为临时建站。

三、底板注浆改造机理

为防治底板岩溶水害,在总结注浆堵水技术基础上,肥城矿区结合华北煤田水文地质特征,研究发展了大面积注浆改造薄层灰岩防止奥灰水突出的综合治水技术,形成了一套将工作面下伏含水层改造为阻隔水层的技术方法,配套完善了黏土水泥浆注浆改造工艺系统,完成了由防到治、由被动变主动的根本性转变,取得了良好效果。

(一)原理、作用和应用

注浆改造作为一种按人的意志改变岩体(层)水文地质条件的方法与手段,其基本原理是浆液在一定压力、一定时间作用下,受注层原来被水占据的空隙,或通道内脱水、固结或胶凝,使结石体或胶凝体与围岩岩体形成阻水整体,从而改变不利于采矿的水文地质条件。对薄层灰岩注浆能起到含水层改造、导水裂隙封堵和隔水层加固的作用,具体如下。

(1)向薄层灰岩大量灌注浆液,浆液在薄层灰岩沿岩溶裂隙扩散、结石、充填,把含水层中的水置换出来,使之不含水或弱含水。

(2)浆液在注浆压力作用下,通过薄层灰岩沿奥灰水补给薄层灰岩通道运移、扩散、结石,堵塞或缩小导水通道,减少奥灰水的补给量。

(3)浆液在注浆压力作用下,通过薄层灰岩沿着煤层底板裂隙运移、扩散、结石,充填隔水层导水裂隙,强化、加厚煤层底板。

在肥城矿区,含水层注浆技术在注浆改造、帷幕截流、注浆堵水等方面得到了广泛的应用,具体如下。

(1)对薄层灰岩注浆使之成为煤层至奥陶系灰岩的"中间层",有效阻隔了采动底板零位破坏带和原位张裂带的导通,不但可以防止薄层灰岩本身突水,而且可以防止奥灰突水。

(2)对薄层灰岩注浆可以建造"阻水墙",堵截含水层补给通道,减少含水层补给水量,使集中补给边界变为阻水边界或弱透水边界,使之易于疏干,实现疏降采煤。

(3)根据出水点类型和特点,选择黏土水泥浆、单液水泥浆、水泥水玻璃双液浆辅以固料等,实现矿井出水点的封堵。

(二)注浆改造机理

目前关于注浆机理方面的研究一般采用水文地质学和流体力学理论,特别是以达西定律为基础,引导一些理论和经验公式,同时除开展常规钻孔检查外,现正研究应用同位素测定、超声波检查以及地层无线电摄影来跟踪注浆浆液流变、注浆效果与注浆机理,寻求注浆工程中的一些合理参数,但理论方面的研究与实际问题的解决还相差较远,主要难题是注浆浆液的多相性、浆液的流变性以及浆液的黏度可调性等。理论研究和实践结果表明,注浆浆液渗透机理可以建立如下概念。

(1)机械充塞,就是浆液在一定注浆压力作用下沿裂隙流动扩散,当其远离注浆孔、压力梯度降低到临界压力时,浆液流速减小,由紊流转为层流状态,注浆材料将发生凝结,黏滞性增大,流速很低,最后停止流动。

(2)水化作用充塞,就是浆液内的水硬性材料在压力作用下与水之间起化学变化而胶凝,在层流到阻滞流时,胶凝体随着时间延长而凝聚,产生强度。

(3)既然浆液在岩土裂隙中的充塞作用(包括机械充塞和水化作用充塞),其浆液扩散充塞状态,一般有 4 个过程:①注浆压力克服静水压力和流动阻力,推进浆液进入裂隙;②浆液在裂隙内流动扩散和沉析充塞,大裂隙逐渐缩小,小裂隙被充填,注浆压力逐渐上升;③在注浆压力推动下,浆液冲开或部分冲开充塞体,再沉析充塞逐渐加厚充塞体;④浆液在注浆终压下充塞、脱水、凝胶、结石以致完全封闭裂隙,产生足够的强度,达到注浆阻水目的。

四、恒源煤矿注浆工程

恒源煤矿因受井下工作场地及生产条件的制约,不能进行有规模的大量注浆工程。为此,该矿结合生产实际,设计建设了较为先进的集中地面注浆站(制浆量为 $20m^3/h$),地面注浆站如图 6-2 所示,这也是安徽省最先建成的地面注浆系统。

地面集中建站造浆,通过送料孔和井下管路送浆,利用注浆孔向含水层注浆,每次注浆前都要进行一次注浆管路耐压试验,确保压力达到设计终孔压力。注浆工艺流程如图 6-3 所示,地面造浆输浆系统如图 6-4 所示。

图 6-2 地面注浆站

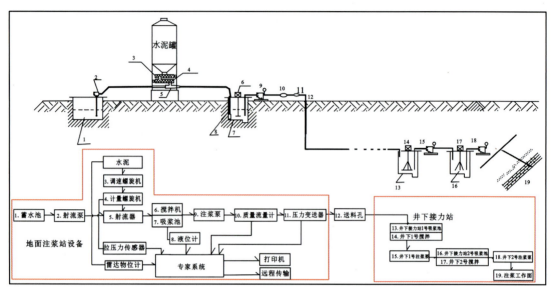

图 6-3 注浆站注浆工艺流程图

图 6-4 地面造浆输浆系统

五、工作面概况及钻探工程

恒源煤矿下组煤Ⅱ615工作面位于Ⅱ61采区中上部右侧,设计为倾斜长壁、综采工作面。工作面走向长475～590m,平均长度为533m,倾斜宽为213m。工作面风巷标高为−461.8～−428.0m,机巷标高为−482.1～−452.2m,切眼标高为−452.2～−428.0m。

工作面储量情况:Ⅱ615工作面煤层厚度在1.9～3.31m间,平均为2.81m,煤层可采性指数为1,煤厚变异系数为15%,为稳定的中厚煤层。地质储量为40.1×10^4t,可采储量为38.1×10^4t。

根据过工作面内钻孔13-14-B7所揭露,Ⅱ615工作面下组煤底板岩层组合特征为软硬相间型。6煤层厚度在1.9～3.31m间,平均为2.81m。钻探控制的层位为6煤层下至L2灰,煤层直接底为泥岩1.2m左右。老底为细砂岩,局部含粉砂岩条带,平均为29.7m。下为深灰色致密海相泥岩,平均层厚13.5m,海相泥岩下为太原群薄层灰岩,岩性组合呈上硬下弱特征,有利于隔水。根据钻探数据,从地层间距看,6煤至一灰间距基本正常,工作面36个底板灰岩改造钻孔中,6煤至L1灰岩顶的最小间距为44.36m,最大间距为51.6m,平均间距为47.61m;6煤至L2灰岩底的最小间距为48.4m,最大间距为63.5m,平均间距为57.1m。直接底为泥岩,老底为细砂岩与粉砂岩互层,厚度为30m,底部为厚度15m左右的致密黑色海相泥岩,其下为太原组薄层灰岩。工作面底板岩性组合特征如图6-5所示。

柱状	岩性	厚度(最小～最大/平均)/m
	6煤	1.90～3.31/2.82
	泥岩	0.6～2.15/1.2
	叶片状砂岩	29.7
	海相泥岩	7.4～21.3/13.5
	灰岩(L1)	1.3～3.8/2.6
	砂泥岩互层	5.9
	灰岩(L2)	2.2～5.6/4.2

图6-5 Ⅱ615工作面底板岩性柱状图

在底板注浆之前,利用网络并行电法对工作面进行了底板灰岩富水性评价,物探结果及工作面钻场布置如图6-6所示。从图中可以看出,底板内存在6处明显富水异常区,主要集中在太灰上段一至四灰。此外,通过底板突水系数研究得出该面存在底板突水危险性。因此,该工作面进行了底板注浆加固工程,工作面共施工36个煤层底板灰岩改造孔,除JZ3-5孔为井下注浆,其余全部采用地面注浆站封孔,灰岩层位注浆量为6368.5m³,水泥用量为1086.3t,黏土用量为1385.3t。单孔平均涌水量为23.6m³/h,单孔水泥用量为30.2t,单孔黏土用量为38.5t,钻孔涌水量为0.5~80m³/h,单孔注浆量为176.9m³/孔。

为了研究注浆前后煤层底板工程地质特征及其变化,在Ⅱ615工作面布置4个钻孔,在注浆前后各布置两个孔,并考虑正常区域和异常区域的差异性,注浆前后正常区域和异常区域各布置一个钻孔,钻孔参数见表6-1。对所取岩芯进行取样、岩石物理力学性质试验、岩块波速测试、钻孔波速测试等工作,分析注浆前后底板工程地质特征及其变化情况。

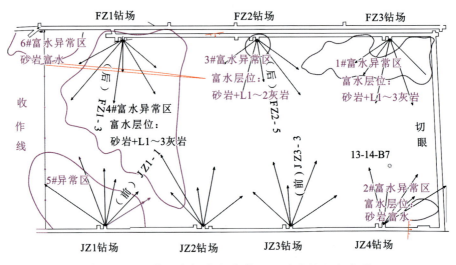

图6-6 工作面底板富水异常区及测试钻孔分布图

表6-1 Ⅱ615工作面底板测试钻孔参数表

序号	钻孔名称	位置	孔深/m	备注
1	JZ1-1	机巷1号钻场	77.40	注浆前(异常区)
2	JZ3-3	机巷3号钻场	71.80	注浆前(正常区)
3	FZ1-3	风巷1号钻场	91.70	注浆后(异常区)
4	FZ2-5	风巷2号钻场	73.85	注浆后(正常区)

第四节 工作面注浆前后煤层底板岩体结构特征分析

一、工作面注浆前后底板岩石力学性质试验研究

底板岩石的物理力学性质是影响煤层开采后底板稳定性的重要因素。为了确定工作面底板破坏深度、研究煤层底板突水机理、分析底板结构等,都毫无例外地依赖于对煤层底板物理力学性质和水理性质的试验与研究。

为了对比注浆前后底板岩体结构和强度的变化,以及获取工作面底板采动效应数值模拟所需的各项物理力学参数,需要研究注浆前后的底板岩石力学性质。对Ⅱ615工作面底板注浆前后钻孔进行了取芯,获取的岩石样品进行了室内力学性质试验,通过分析试验数据获得了注浆前后底板岩层的各项力学指标,确定底板岩体的结构,为进行采动效应数值模拟提供参数。

(一)工作面注浆前底板岩石力学性质试验研究

Ⅱ615工作面注浆前在机巷JZ1-1和JZ3-3钻孔取芯,其中JZ1-1孔取芯24组,JZ3-3孔取芯16组,共计40组岩芯,两终孔层位均为太原组一灰,对所取岩芯开展了岩石力学性质(单轴抗压强度、单轴抗拉强度)试验。通过试验得出注浆前不同区段岩石强度特征,对不同岩性岩块的平均抗压强度、抗拉强度进行了统计分析,结果如表6-2所示。

表6-2 注浆前底板岩块力学性质平均值统计表

孔号	强度	岩性/MPa				
		泥岩	粉砂岩泥岩互层	粉砂岩	细砂岩	灰岩
JZ1-1	抗压	20.66	22.20	25.07	55.46	51.75
	抗拉	2.01	1.98	2.33	3.93	3.90
JZ3-3	抗压	11.30	13.19	32.25	23.60	13.64
	抗拉	1.05	1.80	2.71	2.08	1.48

从统计结果中可以得出以下结论:
(1)注浆前砂岩和灰岩的抗压强度、抗拉强度大于泥岩。

(2)注浆前细砂岩的抗压强度、抗拉强度通常都比较大,平均抗压强度、抗拉强度分别为55.46MPa、3.93MPa。

(二)工作面注浆后底板岩石力学性质试验研究

Ⅱ615 工作面注浆后在风巷 FZ1-3 和 FZ2-5 钻孔取芯,其中 FZ1-3 孔取芯 21 组,FZ2-5 孔取芯 14 组,共计 35 组岩芯,两终孔层位仍为太原组一灰,对所取岩芯同样开展了岩石力学性质(单轴抗压强度、单轴抗拉强度)试验,得出注浆后不同区段岩石强度特征,对不同岩性岩块的平均抗压强度、抗拉强度进行了统计分析,结果如表 6-3 所示。

表 6-3 注浆后底板岩块力学性质平均值统计表

孔号	强度	岩性/MPa				
		泥岩	粉砂岩泥岩互层	粉砂岩	细砂岩	灰岩
FZ1-3	抗压	19.28	20.03	30.83	52.30	49.03
	抗拉	1.37	2.44	2.47	3.86	4.52
FZ2-5	抗压	11.47	16.19	28.04	—	31.32
	抗拉	1.01	1.64	2.55	—	2.47

从统计结果中可以得出以下结论:

(1)注浆后砂岩与灰岩的强度仍大于粉砂岩、泥岩的强度。

(2)注浆后底板异常区岩块强度大于正常区段岩块强度,说明异常区岩块中裂隙发育,在注浆之后浆液充满裂隙,注浆效果好于底板正常区,使得构造区段岩块强度大于正常区段。

(三)注浆前后岩块力学性质对比

为了研究底板注浆对岩块力学性质的影响作用及岩块注浆前后强度差异,对不同区段注浆前后岩块的平均单轴抗压、抗拉强度进行了对比,如图 6-7 所示。

通过分析得出,无论是正常区还是异常区,注浆前后底板岩块的力学性质无明显变化,其数值变化范围基本一致,说明底板注浆加固改造对岩块的影响作用不大,注浆未能使底板岩块强度有明显的提高。

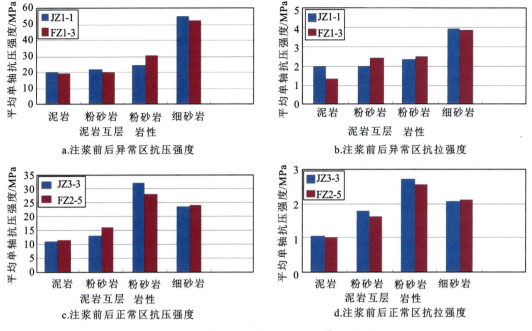

图 6-7　底板注浆前后岩块力学性质对比

二、工作面注浆前后底板波速测试

(一)底板岩块波速测试与对比

1.测试原理

弹性波在不同岩体中传播时,其传播速度与岩体介质的矿物成分、密度、孔隙率及裂隙发育程度有密切关系(刘长武和陆士良,1999)。弹性波理论(韩云春,2011)指出,岩体中声波传播速度取决于岩体的弹性常数和密度,当岩体为均匀介质时有:

$$V_p = \sqrt{\frac{E(1-\mu)}{\rho(1+\mu)(1-2\mu)}} \tag{6-1}$$

式中,V_p 为纵波波速;E 为杨氏模量;μ 为泊松比;ρ 为岩体密度。

从式(6-1)中可以看出,岩石声波波速能够较好地反映岩体的弹性模量和岩体的内部结构特征。工程实践中常用抗压强度 R 来反映岩体静力学特征,而在一定强度范围内 R 与弹性模量 E 呈单调函数关系。因此,通过实验可以建立 R 与 V 的关系,即

$$R = f(V) \tag{6-2}$$

根据式(6-2)结合现场波速测试结果可以反映岩体的强度。

2.岩块波速测试

利用Ⅱ615工作面底板注浆和检查测试钻孔所采取的岩芯样品,制成高度10cm左右,兼做抗压强度试样,共制作72块测试样品。

使用SYC-2声波参数测定仪和100K-P40F激发、接收探头进行声波波速测试。测试原理如图6-8所示。

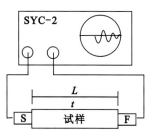

图6-8 声波测试装置

L.岩芯长度;F.声波发射端;
S.声波接收端;t.声波传递时间

1)注浆前底板岩块波速测试

波速测试结果如表6-4和表6-5所示。

表6-4 注浆前正常区JZ3-3孔岩芯标本波速测试结果

序号	样号	深度/m	岩性	波速/(m·s^{-1})
1	1-3	22.50～23.80	细砂粉砂岩互层	3 400.00
2	1-4	25.78～27.50	粉砂岩	3 464.29
3	1-5	30.50～32.78	粉砂岩	2 420.00
4	1-6	32.78～38.59	粉砂细砂岩互层	2 536.67
5	1-7	38.59～38.79	细砂岩	3 338.89
6	1-8	38.79～39.00	细砂岩	1 836.36
7	1-9	39.00～42.59	细砂岩	2 111.11
8	1-10	44.50～45.50	粉砂岩	3 928.59
9	1-11	45.50～46.69	泥岩	1 376.67
10	1-12	46.69～48.79	粉砂岩	2 681.82
11	1-13	48.79～49.50	粉砂岩	1 818.18
12	1-14	49.50～50.90	粉砂岩	2 425.00
13	1-16	53.20～56.90	灰岩	2 710.00

表6-5 注浆前异常区JZ1-1孔岩芯标本波速测试结果

序号	样号	深度/m	岩性	波速/(m·s^{-1})
1	2-1	17.50～18.50	泥岩	2 217.95
2	2-2	19.50～20.50	砂岩	2 636.36
3	2-3	26.80～28.60	含砂泥岩	2 025.64
4	2-4	28.60～29.50	细砂岩	2 213.79
5	2-5	29.50～32.00	砂岩泥岩互层	2 287.50
6	2-6	32.00～34.00	细砂岩	2 500.00

续表 6-5

序号	样号	深度/m	岩性	波速/(m·s⁻¹)
7	2-7	34.00~36.00	细砂岩	3 000.00
8	2-8	34.00~36.00	砂岩泥岩互层	2 288.10
9	2-9	36.00~39.79	砂质泥岩	1 960.00
10	2-10	39.79~40.69	细砂岩	3 474.07
11	2-11	40.69~41.00	泥质粉砂	2 662.16
12	2-12	41.00~41.30	砂岩泥岩互层	2 396.97
13	2-13	41.30~41.60	砂质泥岩	1 948.65
14	2-14	41.60~41.80	泥岩	2 441.46
15	2-15	52.00~52.65	泥岩	2 627.03
16	2-16	52.65~52.68	泥岩	2 770.59
17	2-17	53.50~54.70	泥岩	1 367.65
18	2-18	54.70~54.80	泥岩	1 500.00
19	2-19	66.50~67.42	灰岩	2 657.89
20	2-20	69.22~70.82	灰岩	2 125.00
21	2-21	69.84~71.54	砂质泥岩	2 027.27
22	2-22	71.54~71.84	灰岩	2 352.94

从表6-4和表6-5中可以看出,不同岩石的波速不同,各种岩石波速范围特征如下。

(1)细砂岩的波速最大,范围在1 836.36~3 474.07m/s之间;灰岩和粉砂岩次之,灰岩为2 125.00~2 710.00m/s,粉砂岩为1 818.18~3 464.29m/s;泥岩最小,范围为1 876.67~2 770.59m/s。

(2)注浆前正常区的JZ3-3钻孔在22~42m范围的砂岩段,试件的平均声波波速为2872m/s,在42~57m范围的泥岩段,试件的平均声波波速为2446m/s。

(3)注浆前异常区的JZ1-1钻孔在20~41m范围的砂岩段,试件的平均波速为2281m/s,在41.5~62m范围的泥岩段,试件的平均纵波波速为2163m/s。

综上所述,砂岩段的波速都大于泥岩段的波速,对于同一层位相同岩性岩石,正常区的波速大于异常区波速,说明正常区段岩石的完整性好于异常区段。异常区由于构造原因导致岩块内微裂隙发育,影响了其完整性,使得波速降低。

2)注浆后底板岩块波速测试

波速测试结果如表6-6和表6-7所示。

表6-6 注浆后FZ1-3钻孔的岩芯波速

序号	样号	深度/m	岩性	波速/(m·s^{-1})
1	3-1	38.20~39.00	细砂岩	2 166.67
2	3-2	39.00~40.10	细砂岩	2 751.35
3	3-3	40.10~42.20	砂岩泥岩互层	2 519.35
4	3-4	42.20~43.00	砂岩泥岩互层	2 646.15
5	3-5	43.20~44.10	砂岩泥岩互层	1 454.55
6	3-6	45.80~46.80	砂岩泥岩互层	2 345.24
7	3-7	46.80~47.80	砂岩泥岩互层	2 000.00
8	3-8	47.80~48.80	粉砂岩	2 436.67
9	3-9	48.80~49.80	粉砂岩	2 774.29
10	3-10	49.80~50.80	砂岩泥岩互层	2 186.84
11	3-11	50.80~51.80	砂岩泥岩互层	1 989.47
12	3-12	51.80~54.20	泥岩	1 880.00
13	3-13	54.20~56.50	粉砂岩	1 902.44
14	3-15	59.25~61.25	粉砂岩	2 061.22
15	3-16	61.25~65.80	砂岩泥岩互层	3 100.00
16	3-17	65.80~63.80	细砂岩	2 123.81
17	3-18	66.80~67.84	细砂岩	2 721.62
18	3-19	67.84~69.84	砂岩泥岩互层	2 152.50
19	3-20	69.84~71.54	泥岩	2 847.22
20	3-21	71.84~73.70	石灰岩	2 111.11

表6-7 注浆后FZ2-5钻孔的岩芯波速

序号	样号	深度/m	岩性	波速/(m·s^{-1})
1	4-1	45.50	泥质粉砂岩	2 545.45
2	4-2	46.30	泥岩	2 520.00
3	4-3	48.11	泥质粉砂岩	2 353.57
4	4-4	49.21	粉砂岩	2 345.71
5	4-5	49.41	粉砂泥岩互层	1 973.53
6	4-6	49.81	粉砂岩	2 368.00
7	4-7	61.70	泥质粉砂岩	2 362.85

续表 6-7

序号	样号	深度/m	岩性	波速/(m·s⁻¹)
8	4-8	64.30	灰岩	3 458.33
9	4-9	65.20	泥岩	2 367.65
10	4-10	65.90	灰岩	3 583.33
11	4-11	69.45	粉砂泥岩互层	1 818.18
12	4-12	69.65	粉砂泥岩互层	2 243.24
13	4-13	70.25	灰岩	2 472.22
14	4-14	72.35	灰岩	2 731.03

从表 6-6 和表 6-7 中可以看出，注浆后不同岩石的波速也不同，各种岩石的波速特征如下。

(1) 注浆后构造区 FZ1-3 钻孔在 25~53m 范围的砂岩段，试件的平均声波波速为 2519m/s，在 53.55~70.5m 范围的泥岩段，试件的平均声波波速为 2275m/s，灰岩试件的平均波速为 2111m/s。

(2) 注浆后正常区 FZ2-5 钻孔在 45~62m 范围的泥岩段，试件的平均声波波速为 2352m/s，灰岩试件的平均波速为 2061m/s。

3. 注浆前后底板岩块波速变化

表 6-8 为不同钻孔岩芯波速测试结果对比表。从表中可以看出，不同岩石的波速不同。其中，注浆前岩层波速反映其原岩特征，注浆前正常区 JZ3-3 孔砂岩段平均波速为 2872m/s，泥岩段为 2446 m/s，注浆前构造区的 JZ1-1 孔砂岩段平均波速为 2281m/s，泥岩段的平均波速为 2163m/s，即同一岩性段，正常区岩块波速大于构造区；注浆后构造区 FZ1-3 钻孔砂岩段试件的平均波速为 2519m/s，泥岩段试件的平均波速为 2275m/s，注浆后正常区 FZ2-5 钻孔在泥岩段的平均波速为 2352m/s。从注浆前后岩块波速对比可以看出，异常区注浆后岩块波速有所增大，但正常区不明显，说明注浆后，浆液充填构造异常区岩块微裂隙，使其完整性增强。

表 6-8 注浆前后钻孔岩芯试块波速测试结果对比表

孔号	波速/(m·s⁻¹)		备注	
	砂岩段	泥岩段		
JZ3-3	2872	2446	注浆前	正常区
JZ1-1	2281	2163		异常区
FZ1-3	2519	2275	注浆后	异常区
FZ2-5	—	2352		正常区

(二)底板岩层原位波速测试与对比

在钻孔物探技术中,震波检层法是通过在钻孔中放置声波检波器,在孔口附近进行声波激发,声波由孔口通过岩体传播至孔中检波器。地震波在传播过程中,将携带岩体的动力学特征,表现为直达波到时 t、波速 v、幅值 A、频率 f 等的变化,在有强波阻抗界面时,如断层界面、裂隙面、岩性分界面等还会产生波的分裂与转换,一次反射和多次反射波等特征。通过在孔中逐点测试直达波和反射波的波场特征,并进行相关的解析计算,就可按照波速进行地层划分,判定软弱破碎带的位置和注浆加固的前后效果。

1.注浆前底板钻孔波速测试

图 6-9 和图 6-10 分别为注浆前机巷 JZ1-1 钻孔和 JZ3-3 钻孔的原位探测波形及岩层波速分层图。

从图 6-9 中可以看出,波形在钻孔深度 47m 以浅部位较为完整,说明该段波的能量相对较强,而 47m 以下波形质量相对较差,反映出该段岩体质量较差。JZ3-3 钻孔波形整体好于 JZ1-1 钻孔,进一步反映了底板正常区岩体完整性好于构造异常区。对于直达波初至处呈锯齿状,局部初至波出现延时变异现象,表明在这些部位岩体强度降低、裂隙结构面发育,或为岩性分界面。通过对比不同层位岩体波速,JZ1-1 钻孔深度范围可分为 7 个界面,JZ3-3 钻孔深度范围可分为 6 个界面。

2.注浆后底板钻孔波速测试

图 6-11 和图 6-12 分别为注浆后风巷 FZ1-3 钻孔和 FZ2-5 钻孔原位探测波形及岩层波速分层图。从图中可以看出,注浆后测试波形与注浆前相比连续性增强,整孔测试效果较好。通过对比不同层位岩体波速,FZ1-3 钻孔深度范围可分为 6 个界面,FZ2-5 钻孔深度范围可分为 6 个界面。

3.注浆效果对比分析

将 4 个钻孔注浆前后对应层位岩体的钻孔波速进行对比分析。根据表 6-9 中对不同钻孔波速原位测试结果分析可知,Ⅱ615 工作面底板岩层在加固注浆前后其波速值发生了较大的变化,且可得出以下认识。

(1)注浆影响深度:从 4 个钻孔测试结果来看,在钻孔孔深所揭露的砂岩段注浆效果显著,孔深基本上在 40m 左右,其中注浆前 20~40m 段地震波平均波速值为 2000m/s(表中平均波速栏绿色段),而注浆后 20~40m 段地震波平均波速值增加为 2535m/s(表中平均波速栏绿色段)。而孔深 40~60m 段的海相泥岩段波速整体值不宜区分其增加效果,再向深部由于钻孔未控制到,注浆效果无法评价。

(2)注浆效果:根据波速结果分析,20~40m 段地震波平均波速由 2000m/s 增加到 2535m/s,则其平均强度可以看作增大至 1.27 倍,其注浆效果明显,注浆后底板岩体结构发生明显变化,底板岩体完整性整体提高。

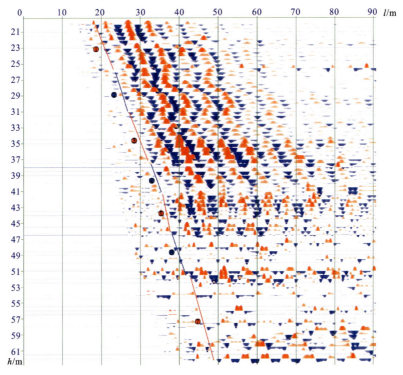

图 6-9 JZ1-1 钻孔波速分析结果图

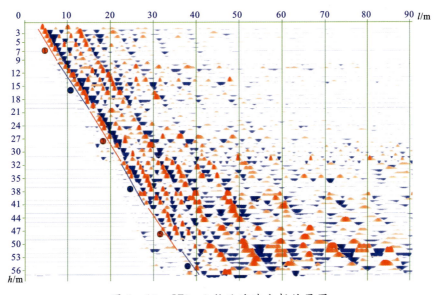

图 6-10 JZ3-3 钻孔波速分析结果图

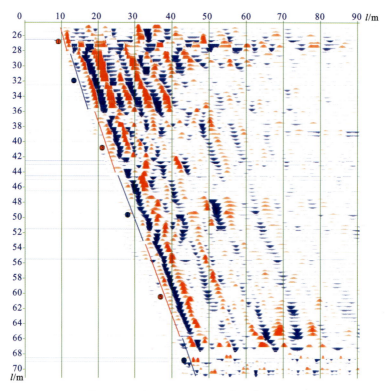

图 6-11 FZ1-3 钻孔波速分析结果图

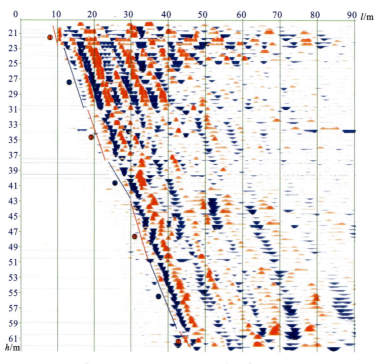

图 6-12 FZ2-5 钻孔波速分析结果图

表 6-9　钻孔波速检测纵波速度分析结果统计表

序号	JZ1-1 注浆前			JZ3-3 注浆前			平均波速/(m·s⁻¹)	FZ1-3 注浆后			FZ2-5 注浆后			平均波速/(m·s⁻¹)
	钻孔深度/m	纵波波速/(m·s⁻¹)	岩性	钻孔深度/m	纵波波速/(m·s⁻¹)	岩性		钻孔深度/m	纵波波速/(m·s⁻¹)	岩性	钻孔深度/m	纵波波速/(m·s⁻¹)	岩性	
1				2.0~9.0	2167		2100							
2				10.0~20.0	1887		1880							
3	20.0~25.5	1881	砂岩	21.0~31.0	2167	砂岩	2024				20.0~22.5	2500	砂岩	2500
4	26.0~30.5	2167					2167	25.0~28.0	2786		23.0~30.5	2321		2554
5	31.0~37.0	1733		32.0~41.0	2207		1970	28.5~35.5	2219		31.0~37.5	2913		2566
6	37.5~41.0	1468					1838	36.0~44.0	2123		38.0~42.5	2089		2518
7	41.5~46.0	3078		42.0~51.0	2017	海相泥岩	2500			砂岩	43.0~50.0	1820		2100
8	46.5~51.5	1858	海相泥岩				1930	44.5~53.0	1700		51.0~59.5	1625	海相泥岩	1760
9	52.0~62.0	2241		52.0~57.0	1547		1890	53.5~65.5	1925	海相泥岩	60.0~62.0	1858		1670
10								66.0~70.5	2340					1890

三、工作面注浆前后底板岩体强度变化

(一)计算原理

在漫长的地质历史演化过程中,岩体在复杂的地质环境下,经历了地应力和其他作用力的反复作用,岩体内部发育了大小不一、规模不等的微观与宏观裂隙。因此,岩块与岩体的物理力学性质存在很大差异。实验室对岩石试件测定的岩石强度结果并不能代表真正的岩体强度,而要在现场进行岩体强度试验又比较困难,为此需要通过某种折减方式将岩石试件的强度换算成岩体强度。

目前表征岩体完整性系数的方法较多,主要有波速测试法、弹性波测试法、岩石质量指标 RQD 法、结构面统计法等,其中波速测试法,尤其是原位测试,更符合实际岩体的完整性(中华人民共和国建设部,1995;王育平等,2007)。有学者提出岩石试件强度 σ_{cr} 乘以岩体完整性系数 I(岩体龟裂系数)作为岩体抗压强度,即准岩体强度:

$$\sigma_{cm} = I\sigma_{cr} \quad (6-3)$$

式中,σ_{cm} 为岩体抗压强度(MPa);σ_{cr} 为岩石试件抗压强度(MPa);I 为完整性系数。

本书根据弹性波测试法来确定岩体完整性(王茹等,2008)。完整性系数 I 可以表示为:

$$I = \frac{V_{pm}^2}{V_{pr}^2} \quad (6-4)$$

式中,I 为无量纲;V_{pm} 为原位钻孔纵波波速(m/s);V_{pr} 为岩石试件的纵波波速(m/s)。

(二)完整系数计算

根据测试所得出的注浆前、后 4 个钻孔的岩石试件波速 V_{pr} 和原位钻孔波速 V_{pm},代入式(6-4),即可计算出岩体完整性系数 I。计算结果见表 6-10、表 6-11。

表 6-10 Ⅱ615 工作面注浆前底板岩体完整性系数

孔号	深度 H/m	岩性	$V_{pm}/(m \cdot s^{-1})$	$V_{pr}/(rm \cdot s^{-1})$	I
JZ3-3	2.0~41	砂岩段	2107	2872	0.54
	42~57	泥岩段	1782	2446	0.53
JZ1-1	20~41	砂岩段	1812	2281	0.63
	41.5~62	泥岩段	2050	2163	0.90

表 6-11　Ⅱ615 工作面注浆后底板岩体完整性系数

孔号	深度 H/m	岩性	V_{pm}/(m·s^{-1})	V_{pr}/(m·s^{-1})	I
FZ2-5	20～42.5	砂岩段	2456	2519	0.95
	43～62	泥岩段	1787	2352	0.58
FZ1-3	25～53	砂岩段	2207	2519	0.77
	53.5～70.5	泥岩段	2133	2275	0.88

从以上两表可以看出，注浆后正常区的岩体完整性系数小于构造区，主要是由于在构造区岩体和岩块的完整性都差，波速都较小，且相差不大，计算出的完整性系数反而较大；而正常区岩体中尽管有裂隙发育，岩块的完整性却不受太大的影响，正常区岩体和岩块波速相差较大，所以计算出的完整性系数反而较小。

(三)岩体强度计算

1. 注浆前岩体强度

根据注浆前底板岩体完整性系数，代入式(6-3)中，由于工作面构造区范围较小，因此，用正常区计算的完整性系数 I，结合岩石力学试验中所得出的正常区钻孔的各个岩性段不同岩石试件的抗压强度和抗拉强度进行换算，换算后得出各个岩性段的准岩体强度。计算结果见表 6-12。

表 6-12　Ⅱ615 工作面注浆前底板岩体强度

孔号	岩性段	抗压强度/MPa		抗拉强度/MPa	
		岩块	岩体	岩块	岩体
JZ3-3	砂岩段	21.53	11.63	2.02	1.09
	泥岩段	11.33	6.00	1.05	0.56
JZ1-1	砂岩段	32.82	20.68	2.54	1.60
	泥岩段	15.70	14.13	1.32	1.19
平均	砂岩段	27.18	16.16	2.28	1.35
	泥岩段	13.52	10.07	1.19	0.88

通过计算得出，注浆前底板砂岩段岩体的平均抗压强度为 16.16MPa，平均抗拉强度为 1.35MPa；注浆前泥岩段岩体的平均抗压强度为 10.07MPa，平均抗拉强度为 0.88MPa。注浆前整个底板抗拉强度和抗压强度较小。

2. 注浆后岩体强度

由于注浆后岩体裂隙中充满了浆液,固结以后使得整个岩体强度增大,而对于单个岩块来说,浆液很难进入岩块的微小裂隙中,即使有少量浆液进入对其强度的影响也不是很大,这一点可以通过对比注浆前后的岩体波速和岩石试件波速测试结果看出。计算结果如表6-13所示。

表6-13 注浆前后砂岩段波速对比　　　　　　　　　　　　单位:m/s

注浆情况	岩性	区域			
		异常区		正常区	
		V_{pm}	V_{pr}	V_{pm}	V_{pr}
注浆前	砂岩段	1812	2281	2107	2872
注浆后	砂岩段	2207	2519	2456	2519

通过对比可以看出,注浆后底板岩体波速有了明显提升,注浆后异常区岩体波速增加了395m/s,正常区增加了349m/s,且异常区提升幅度大于正常区,说明构造区注浆效果明显;而注浆后岩块波速并未明显增加,仅异常区增加了238m/s,增幅与岩体波速相比小,而正常区岩块波速注浆后反而减少了253m/s。由此可见,注浆显著增加了底板岩体波速,但对岩块波速影响较小。

因此,注浆后岩体强度不能再直接使用$\sigma_{cm}=I\sigma_{cr}$,此时的I应为注浆后岩体波速平方与注浆前岩体波速平方比值,注浆前岩体强度乘以I作为注浆后的岩体强度。由于原本构造区范围就小,而且注浆后构造区范围将会更小,所以注浆后的岩体强度计算应该使用正常区的岩体波速。

将Ⅱ615工作面底板测试数据代入计算,结果如表6-14所示,得出砂岩段完整性系数为1.36,泥岩段为1.01,砂岩段强度有所增加,而泥岩段基本不变。

表6-14 Ⅱ615工作面注浆后岩体完整性系数修正值

岩性	注浆后$V_{pm}/(m \cdot s^{-1})$	注浆前$V_{pm}/(m \cdot s^{-1})$	I
砂岩段	2456	2107	1.36
泥岩段	1787	1782	1.01

根据注浆后岩体完整性系数,利用式(6-3)对注浆后底板岩体强度进行了计算,并与注浆前岩体强度进行了对比,结果如表6-15所示。

表 6-15 注浆前后岩体平均抗压和抗拉强度对比   单位：MPa

岩性	注浆前		注浆后	
	抗压强度	抗拉强度	抗压强度	抗拉强度
砂岩段	16.16	1.35	21.98	1.84
泥岩段	10.07	0.88	10.17	0.89

从表中可以看出，底板注浆加固前与改造后，底板岩体中砂岩段的强度明显提高，而泥岩段略有提高，砂岩段约为注浆前的1.36倍，泥岩段增加不明显，约为1.01倍，体现了注浆有明显的加固效果。底板注浆加固后岩体强度有所增加，底板结构发生明显变化，其工程地质性质明显提高。

四、工作面注浆前后底板隔水层厚度分析

为了确定注浆后工作面底板隔水厚度，通过注浆前后工作面底板钻探涌水量及工作面物探探查分析，得出了工作面底板注浆前后隔水层厚度变化情况。

（一）注浆前后工作面底板钻探探查

1. 注浆前底板钻探探查

工作面共施工底板灰岩钻孔36个，终孔层位为太原组二灰。根据钻探工程分析，钻孔在揭露灰岩含水层之前，孔内均无出水现象。当到达灰岩层位后，太原组一灰出水量为 $0\sim 40 m^3/h$，二灰层位 FZ3-2 孔涌水量为 $74 m^3/h$，JZ1-2 孔涌水量为 $68 m^3/h$，其余钻孔涌水量为 $0\sim 40 m^3/h$，工作面底板注浆前钻孔灰岩涌水量大小如图6-13所示。

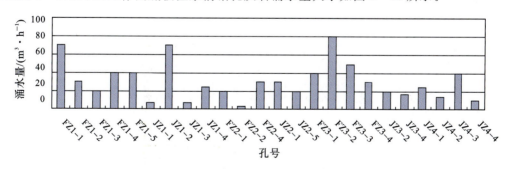

图 6-13 工作面注浆前底板钻探涌水量

2. 注浆后底板钻探探查

为了检查注浆效果，在每个钻场都施工了注浆检查钻孔，各检查孔涌水量大小如图6-14所示。

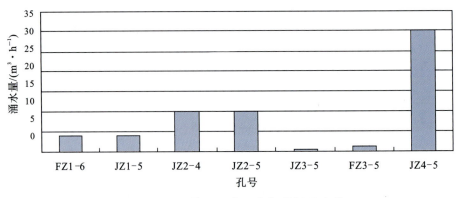

图 6-14 工作面注浆后底板钻探涌水量

从图 6-14 中可以看出,工作面底板注浆后,各钻场检查孔涌水量为 0.5～30m³/h,与注浆前底板钻探涌水量相比明显减少,其中 JZ4-5 孔在穿过一灰、二灰时无明显出水,当穿过二灰后突然出水,经分析主要是由于裂隙导通三灰所致,二灰下部与三灰间连通性较好。因此,通过对比可以得出,注浆后太原组一至二灰出水量明显减小,富水性明显减弱,已改造为弱透水层或隔水层。

(二)注浆前后工作面底板物探探查

为了评价底板注浆效果及含水层富水性变化情况,采用网络并行电法对底板进行探查。

由于底板富水区为相对低电阻率表现,因此,直流电法对富水区反映明显。受断层等构造影响,若断层带导水或含水,则表现为低电阻率特征;若断层带不导水或不含水,则表现为相对高电阻率特征。双巷三维底板探水为最新的电法技术,对底板含水情况探测效果直观、显著,已在生产实际中成功应用。本次探测采用网络并行电法探测技术进行注浆前底板含导水性进行探测,为工作面底板注浆加固提供地质依据。在工作面注浆结束后,再次采用双巷并行电法探测注浆后电性变化情况,评价含水层的富水性,来检验注浆效果。

底板富水区通常与裂隙带、断层等构造发育情况相关,表现为相对低电阻率特征。在断层或裂隙带不含水的情况下,常有较高的电阻率值反应;在断层或裂隙带含水的情况下,通常为低电阻率值范围。由于注浆后,富水区储水空隙及导水通道被水泥浆充填加固,空隙率减小,含水富水性大大降低,导致地电场发生显著改变,探测出的电阻率值明显升高。基于上述原理,为了检验底板注浆效果,本次采用井下高密度电阻率法在Ⅱ615 工作面风巷、机巷分别进行了探查,对注浆前后工作面底板下方富水性差异进行了研究,探查结果如图 6-15 和图 6-16 所示。

图 6-15 为风巷高密度电法电阻率图像对比图,在对比段注浆前低阻区(<40Ω·m)范围,在注浆后电阻率多升至 60Ω·m 以上,但水平方向 200～500m 范围仍存在一些局部低阻区(20～40Ω·m),表明底板富水性总体已大大减弱,注浆效果显著,但局部仍有一定富水区。

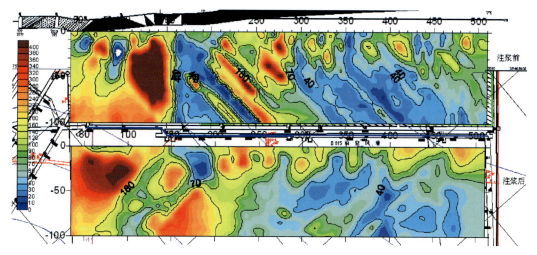

图 6-15 风巷高密度电阻率成像注浆前后对比图

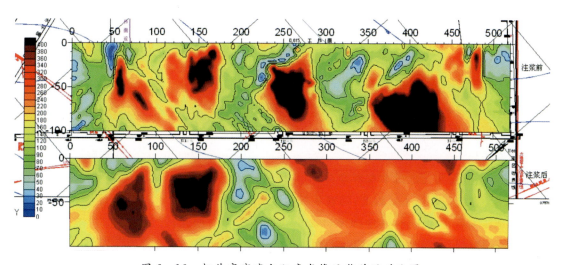

图 6-16 机巷高密度电阻率成像注浆前后对比图

图 6-16 为机巷高密度电阻率成像对比图,注浆前后均无显著的较大范围低阻区,表明富水性弱。在对比段注浆前低阻区(<40Ω·m)范围,在注浆后电阻率值显著升高,低阻区范围显著减小。总体来说底板富水性已明显减弱,注浆效果较为显著。

(三)注浆后工作面底板厚度变化

注浆前后底板钻探探查及物探探查结果表明,底板注浆效果良好,工作面注浆前的砂岩和灰岩低阻段,在注浆后均显著升高,低阻区范围显著减小或不明显,总体富水性显著减弱;注浆后底板一至二灰钻孔涌水量与注浆前相比明显减小,即通过注浆改造,一灰、二灰岩层已由含水层改造成弱含水层或隔水层,根据工作面地质资料得出,底板隔水层厚度由注浆前的 49m 增大至注浆后的 57m,底隔厚度明显增加,达到了较好的阻隔水效果。

第五节　工作面底板采动效应孔间电阻率CT法探测与分析

煤层开采后顶、底板的破坏发育规律探测与研究一直是煤矿安全生产十分关注的问题。正确确定底板采动破坏深度是精确预测底板阻水能力的首要条件，特别是在受煤层底板水害威胁较为严重的煤层开采过程中，更应注意对开采后底板破坏规律的探测研究。20世纪80年代以来，全国已进行了许多有关底板采动破坏的现场观测。但是，现场观测由于受当时技术方法等条件的限制，一般是在煤层底板内沿倾斜剖面布置钻孔，终孔于底板法线，每个钻孔只在底部留2m裸孔段作为注（放）水观测点，其余孔段注浆封闭。因而这些现场观测均为点式间断观测，难以确切地反映底板采动破坏的变化形态和破坏深度。

电阻率对煤层底板采动破坏的响应明显。在采动影响下，工作面前方底板岩层由于受超前支承压力的作用而处于增压区内，使该处的煤层底板受到压缩，岩层内部垂直于支承压力的原始裂隙出现闭合或压密，岩石电阻率有所降低，但幅度不大，该区称为压缩区。在工作面后方，由于采空区范围内底板应力的释放，这部分底板岩层从压缩状态转为膨胀状态，由于应力释放，还可能出现垂直裂隙与层间裂隙贯通，特别是在回采工作面后方10m左右，膨胀比较剧烈，该区称为膨胀区。由于煤层底板岩性常为泥岩或砂岩，加之煤层回采时降尘喷水和顶板岩层淋水，底板破坏带多为含水状态，因此充水膨胀区岩石的电阻率大幅下降。当底板岩体处于采空区重新压实的冒落矸石下时，扩张的裂隙部分闭合，又从膨胀状态转为压实状态，重新压实区电阻率有所增高，但与原岩相比还是低阻。从已有的研究来看，过渡区电阻率与原岩变化不大。因此，随着底板岩体经历原岩应力-支承压力增大→支承压力减小→支承压力恢复的变化，其电阻率也做出相应的变化。据此，通过开采前的电法背景测试，可得到原岩应力条件下的电阻率图像。在开采期间连续监测，可得到底板电阻率的连续变化图像；在开采后，持续监测一段时间，可得到其稳定后的电阻率图像。通过不同阶段的电阻率变化情况，可以准确地判断底板岩体的破坏程度和深度。

在此要说明的是，若破坏带内不含水，则破坏带的电阻率值会升高，升高的幅度越大，则破坏越完全，电阻率值没有明显变化区域，即为未破坏区；若破坏带内充水，则该破坏带内的电阻率值会明显降低。工作面底板的原始导升带在矿山压力和地下水压力作用下向上发展，低阻带也会向上发展。

恒源煤矿6煤层开采受底板灰岩水危害较为严重，煤层开采过程中必须获得相应的底板破坏技术参数实测值。本次研究在煤层底板布置探测钻孔，采用孔巷间电阻率CT技术，对恒源煤矿工作面回采过程中孔间观测剖面进行动态数据采集与处理，探查煤层开采底板岩层的破坏深度及其随工作面推进的动态发育规律，为安全开采及矿井水害防治提供更加科学的参数。基于上述理论，采用孔间电阻率CT技术，对恒源煤矿Ⅱ615工作面回采过程中底板破坏深度随开采动态发育规律进行研究。

一、探测原理

孔间电阻率 CT 法属于地下直流电发,是电阻率法一种新的应用,与传统地面直流电法相比,其探测深度与探测精度都有了大幅度的提高。目前在孔巷间电磁波 CT 法及弹性波 CT 成像理论与应用方面已经取得了大量成果。本书中所采用的孔巷间电阻率 CT 法,是借助在两个钻孔中的地下高密度电极阵进行泛装置方式的供电和测量。成像过程是在一个钻孔中按一定间距设置源点,在另一钻孔中设置一定数量的接收点,依次激发源点,在地下产生相应的稳定电流场,用接收点处测得的电位值来重构两孔之间介质物理性质差异的图像,从而解决煤田勘察和工程勘察等问题。工作原理如图 6-17 所示。

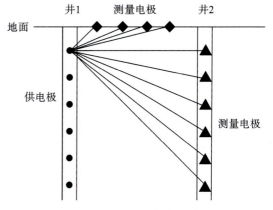

图 6-17 孔间电法成像工作示意图

数据采集仪器为并行电法仪,其最大优势在于任一电极供电,在其余所有电极同时进行电位测量,可清楚地反映探测区域的自然电位、一次供电场电位的变化情况,采集数据效率比传统的高密度电法仪又大大提高,是电法勘探技术的又一次飞跃。

并行电法仪采集的数据为全电场空间电位值,保持电位测量的同步性,避免了不同时间测量数据的干扰问题,并行电法测试仪器系统如图 6-18 所示。该数据体特别适合于采用全空间三维电阻率反演技术。通过在钻孔间形成的电法测线,观测不同位置不同标高的电位变化情况,通过三维电法反演,得出孔间岩煤层的电阻率分布情况,从而对岩层富含水性等特征给出客观的地质解释。

图 6-18 并行电法测试仪器系统图

二、钻孔设计与施工

在工作面机巷中专门设置科研钻场,施工底板钻孔电法探测系统,布置 2 个倾角不同的钻孔,进行钻孔间电法成像,图 6-19 为Ⅱ615 工作面底板监测钻孔设计平面和剖面图。

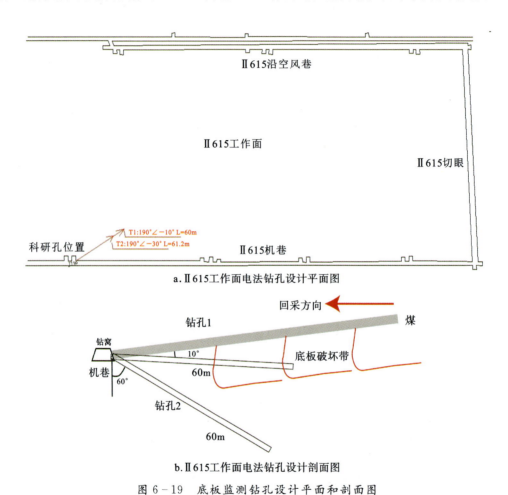

图 6-19 底板监测钻孔设计平面和剖面图

钻孔 1 和钻孔 2 均为俯角孔,两个钻孔在同一垂直剖面上,形成有效的探测与监测空间。结合钻探资料,对孔中各个电极布置进行了合理安排,图 6-20 为钻孔地质剖面和电极布置示意图。钻孔 1 中 60m 长度内共布置 32 个电极,电极间距为 1.2m;钻孔 2 中 60m 长度内共布置 60 个电极,电极间距为 1m,两者所形成的探测区间有利于进行全电场数据采集。

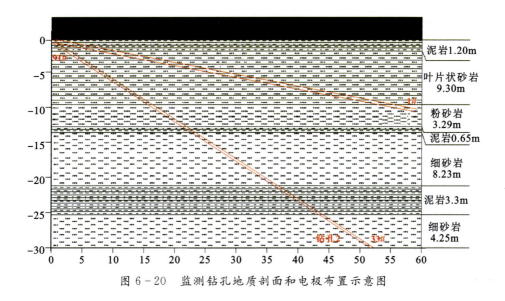

图 6-20 监测钻孔地质剖面和电极布置示意图

三、孔间电阻率 CT 法监测成果

将工作面未开采时底板岩层电阻率作为背景值,为了提高对岩层变形与破坏的电性差异的分辨率,将每次测试值与背景电阻率测试值相比,即获得异常系数。这样可以突出异常区,异常系数大于或小于 1 的位置为电性异常区域。对每次测试数据进行计算与对比,可找出底板岩层变形与破坏规律。本次研究,选取有代表性的推进距离进行分析,不同电阻率比值剖面如图 6-21 所示。

在大量的数据采集基础上,突出了底板岩层受采动影响的变化特征,形成的比值剖面图较好地表达了底板岩层电性参数的变化,其变化过程明显。

当孔口距切眼距离为 100m 时,工作面推进还未进入监测区域,底板岩层整体视电阻率值基本没有发生变化,如图 6-21a 所示,说明此时未受采动影响;当孔口距切眼距离为 62.2m 时,在底板岩层电阻率比值剖面中出现了比值大于 1 的区域,如图 6-21b 所示,表明局部电阻率值有所增加,其中在切眼前方附近底板岩层电阻率值较背景值显著增大,分析为采动应力超前效应引起;当孔口距切眼距离为 50.4m 时,底板岩层局部视电阻率比值继续增加,横向破坏显著,如图 6-21c 所示,尤其在底板深度 14m 以浅的局部岩层变形与破坏特征相对明显;当孔口距切眼距离为 43m 时,底板下方岩层视电阻率比值进一步增大至原来的 2 倍,横向破坏继续向推进方向扩展,如图 6-21d 所示;随着工作面继续推进,当孔口距切眼距离为 21.4～6.5m 时,底板采动破坏带在垂向上不再发展,但视电阻率比值仍在增大,局部增大至原来的 3 倍,如图 6-21e、f 所示。

通过对岩层视电阻率比值分析,并与初始状态背景电阻率测试值比较表明,岩层变形与破坏特征通过电阻率比值增加的特征反映更为清晰,发生了显著的变化,局部视电阻率比值达到 3 倍以上,其中在深度 14m 内由砂泥岩组成的亚关键层部位,为视电阻率比值变化突

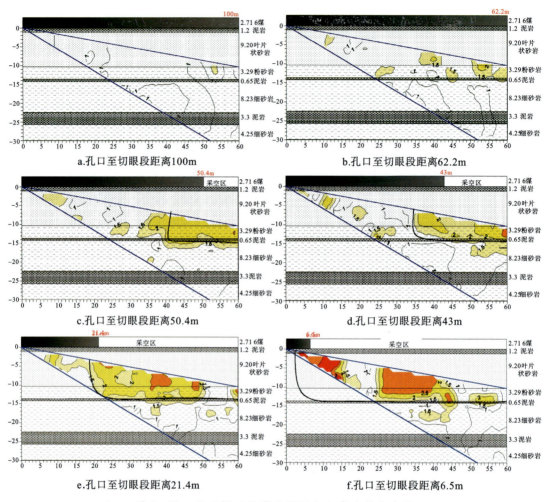

图 6-21 钻孔探测区域岩层视电阻率比值分布图

出位置,得出煤层底板破坏的特征主要集中在深度为 14m 左右的粉砂岩和泥岩分界线位置。

四、探测结果分析与评价

通过底板跨孔电法 CT 监测,结合工作面地质资料综合分析,认为:

(1)Ⅱ615 工作面 6 煤层开采过程中底板破坏带深度为 14m 左右,该段岩层电阻率比值整体较高,基本上超前背景电阻率值 1.5 倍以上,有的甚至达到 3 倍以上,为典型的岩层破坏特征,其中 8m 深度以内为岩层破坏裂隙特别发育范围。最大破坏深度与工作面宽度的比值为 0.065。

(2)恒源煤矿曾在Ⅱ614 工作面开展了底板破坏深度监测研究工作。该面为恒源矿井二水平首采面,采用疏水降压和局部注浆加固的方法,实现了煤层的安全回采。该面在回采期间采用震波CT技术对底板采动破坏特征进行了探测,结果如下。

①Ⅱ614工作面在综合开采条件下,其煤层底板采动破坏分带特征明显,呈"两带"分布,其中底板岩层破坏带在0~9.8m之间,而裂隙发育带在9.8~14.9m之间,如图6-22所示。岩层中垂直裂隙与横向裂隙发育特征明显。

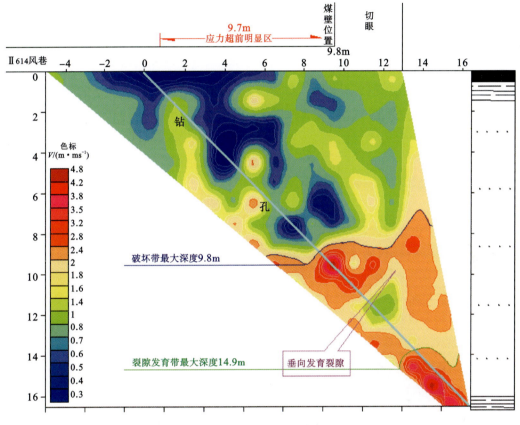

图6-22 恒源煤矿Ⅱ614工作面底板采动破坏震波CT探测成果图

②结合工作面推进情况综合分析,可得出煤层开采过程中采动应力超前的规律,该工作面采动条件下,超前应力在10~16m范围内。

(3)与Ⅱ614工作面监测结果相比,底板破坏均存在分带性,两工作面底板采动破坏深度对比结果如表6-16所示。

表6-16 恒源矿井底板注浆前后破坏深度探测对比表

工作面名称	标高/m	宽度/m	开采方式	底板破坏深度/m		备注
				强破坏带	裂隙带	
Ⅱ615	-460~-430	213	综采	8.0	14.0	注浆
Ⅱ614	-460~-430	130~190	综采	9.8	14.9	未注浆

从表中可以看出,两工作面采动深度一致,但Ⅱ615工作面宽度要大于Ⅱ614工作面,根据《建筑物、水体、铁路及主要井巷煤柱留设与压煤开采规程》(2000),底板采动破坏深度与工作面斜长呈正相关关系。因此,按该理论Ⅱ615工作面底板采动破坏深度应大于Ⅱ614工作面,但实测结果恰好相反,说明底板含水层注浆改造后底板岩体结构的改变对抑制底板破坏有较显著的效果,底板注浆加固效果明显,揭示了底板采动效应的岩体结构控制机理。

第六节 Ⅱ615工作面底板注浆加固改造前后采动效应数值模拟研究

一、模型的建立

根据Ⅱ615工作面内的钻孔13-14-B7孔,建立了工作面注浆前底板模型和注浆加套管底板模型,注浆后底板隔水层延伸至太原组二灰。模型具体尺寸为:长×宽×高=400m×320m×100m,Ⅱ615模拟工作面宽度为220m,钻杆按照锥形布置,钻窝与钻窝间距离80m,钻杆长30m,锥形半径35m,数值模型如图6-23所示。参数按照第六章第四节中底板注浆前后物理参数取值。

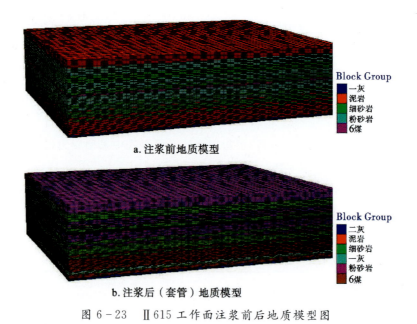

图6-23 Ⅱ615工作面注浆前后地质模型图

二、模拟参数的选取

在第六章第四节中已经计算出注浆前后岩体参数的换算系数,砂岩段为 1.36,泥岩段为 1.01,即注浆前砂岩段的参数乘以 1.36 为注浆后砂岩段参数;注浆前泥岩段参数乘以 1.01 为注浆后泥岩段参数。由于一灰强度和结构同细砂岩相当,因此注浆后 6 煤底板的一灰参数乘以 1.36;注浆前各岩性段的泊松比除以相应的系数作为注浆后的泊松比;注浆前后 6 煤顶板岩体参数没有发生改变;由于注浆对岩体的容重基本没有影响,所以注浆后岩体的容重没有发生改变,参数见表 6-17 和表 6-18 所示。

表 6-17 注浆前煤层顶底岩体物理力学参数

序号	岩石名称	容重 /($\times 10^3$ kg·m^{-1})	弹模 /MPa	泊松比	内聚力 /MPa	抗拉强度 /MPa	内摩擦角 /(°)
1	粉砂岩	2.63	2700	0.13	4.5	2.30	38
2	泥岩	2.62	710	0.35	2.2	1.64	28
3	细砂岩	2.64	700	0.10	5.7	3.40	42
4	6 煤	1.40	300	0.35	1.0	0.15	25
5	一灰	2.75	4200	0.11	7.1	4.20	38

表 6-18 注浆后煤层顶底岩体物理力学参数

序号	岩石名称	容重 /($\times 10^3$ kg·m^{-1})	弹模 /MPa	泊松比	内聚力 /MPa	抗拉强度 /MPa	内摩擦角 /(°)
1	6 煤	1.40	300	0.35	1.00	0.15	25
2	粉砂岩	2.63	3672	0.10	6.12	3.13	52
3	细砂岩	2.64	5032	0.07	7.75	4.62	57
4	泥岩	2.62	717	0.34	2.22	1.65	28
5	一灰	2.75	5712	0.08	9.65	5.71	52

三、底板采动效应数值模拟结果分析

本次模拟主要对煤层底板注浆前后工作面采动过程中,底板采动破坏深度、底板采动应力及位移等因素进行模拟,通过对不同结构底板采动效应的研究,探讨底板结构对采动效应的影响控制作用。

(一)底板破坏深度分析

本次模拟按照初次来压30m,周期来压20m,顶板自由垮落填充模拟,推进步距30~110m,本次选取代表性推进步距进行分析,底板塑性如图6-24所示。

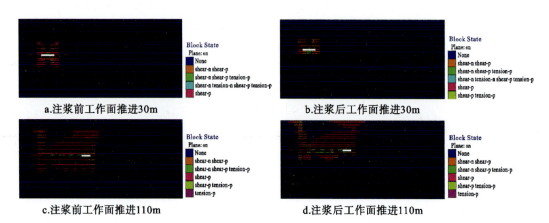

图6-24 Ⅱ615工作面注浆前后推进不同步距底板塑性状态图

通过分析可以得出,工作面在相同的推进距离条件下,底板注浆加固改造后,底板采动破坏深度与注浆之前相比有明显减小趋势,如图6-24所示;在注浆前底板最大破坏深度为16m,而在注浆加固后,最大破坏深度为14m,破坏深度减少2m,说明底板注浆后结构发生改变,使底板整体强度提升,采动破坏深度降低。

(二)底板采动应力分布情况分析

工作面开采后,对采动应力进行分析,底板采动应力分布特征如图6-25所示。

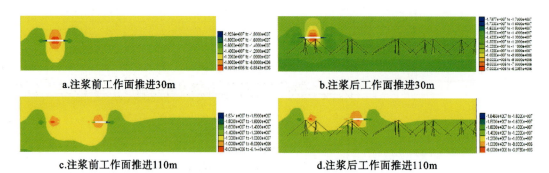

图6-25 Ⅱ615工作面注浆前后推进不同步距采动应力云图(单位:MPa)

通过对工作面开采过程中采动应力的分析可以看出,在工作面底板注浆加固之前,采空区范围内形成了明显的卸压区间,如图6-25a、c所示,在相同推进步距条件下,工作面底板注浆后,在采空区形成的卸压区范围明显缩小,尤其在套管之间减小趋势明显,如图 6-25b、d 所示,可以明显看出注浆后底板整体应力升高,说明受采动影响卸压小,底板整体性较好。此外,对推进步距 90m 做了底板应力监测,监测范围底板下 0~40m,见图 6-26。从监测图中可以看出,注浆后底板应力较注浆前大,如工作面底板下 5m 处,注浆前应力为 9MPa,而注浆后增大至 12MPa,说明底板受采动影响,卸压程度降低,注浆加固起到了较好效果。

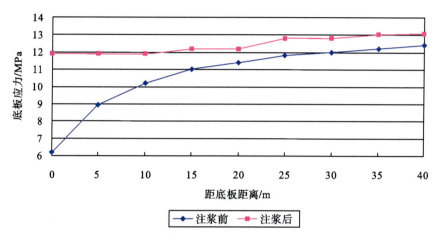

图 6-26　Ⅱ615 工作面注浆前后推进步距 90m 底板应力监测图

(三)底板采动位移特征分析

工作面开采后,对采动后底板位移进行分析,底板位移分布特征如图 6-27 所示。

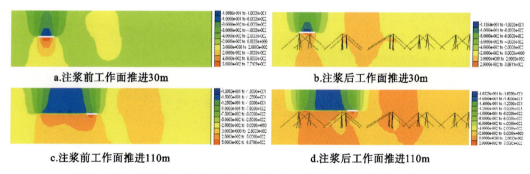

图 6-27　Ⅱ615 工作面注浆前后推进不同步距垂直位移云图(单位:m)

从工作面开采后底板位移分布特征可以看出,在工作面采矿区范围内,底板出现明显的底鼓,如图中红色部分,且底鼓量随深度增加呈减小趋势,对比注浆前后底板底鼓差异可以看出,当工作面底板进行注浆加固改造后,在相同推进步距条件下,底鼓量及影响范围较底板注浆之前明显减小,尤其在底板套管位置,反应最为明显,如图 6-27 所示。同时,对推进

90m 时做了底板位移监测,如图 6-28,从图中可以看出注浆前底板位移随深度而减小,说明受采动影响随深度逐渐消失,在同一深度,注浆后位移基本为 0,明显比注浆前减小,说明底板在注浆下套管后整体性得到提高,注浆加固效果明显。

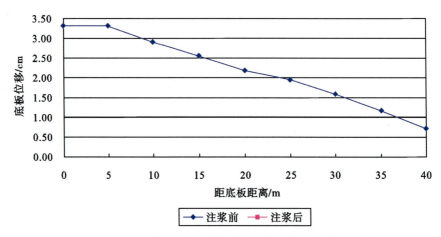

图 6-28　Ⅱ615 工作面注浆前后推进步距 90m 底板位移监测图

四、模拟结果评价

(1) 注浆加固之后,底板强度提高,较未注浆加固底板破坏深度小,尤其在注浆套管影响范围内,工作面前方表现尤为明显,得出Ⅱ615 工作面注浆前后底板最大破坏深度分别为 16m 和 14m,减小了 2m,数值模拟结果与原位实测结果一致。

(2) 注浆加固与改造(含注浆套管)后,工作面底板应力较未注浆加固底板明显增大,说明受采动影响小,底板整体性好,应力松动范围小;底板位移亦有同样规律,加固后底鼓量明显减小,说明注浆加固对煤层底板整体性的提升有很好的效果。

(3) 通过数值模拟得出,底板注浆加固改造后,由于底板结构发生改变,造成底板采动效应发生了明显变化,验证了底板采动效应的岩体结构控制机理。

第七节　应用效果与效益评价

通过含水层底板注浆加固改造工程,恒源煤矿实现了Ⅱ615、Ⅱ628、Ⅱ6112、Ⅱ6117、Ⅱ6119 等 10 个工作面的安全回采,共采出煤炭 313.3×10^4 t。此外,该技术在淮北矿区其他矿井下组煤开采过程中得到了广泛的应用,如刘桥一矿采用底板加固与含水层改造工作面 10 个,安全回采煤炭资源 510.79×10^4 t,五沟煤矿采用该技术改造工作面 8 个,安全回采煤炭资源1 491.4×10⁴t。该研究成果不仅解放了高承压水体的压煤量,也提高了煤炭资源的回收率,而且解决了煤矿生产接替的困境,增加了矿井煤炭可采储量,对延长矿井服务年限、稳定职工生活和预防突水灾害发生有重要作用,同时也保护了水资源,具有显著的经济效益与社会效益。

随着煤炭资源的进一步开发,浅部及条件简单地区的煤炭资源逐渐匮乏,深部、条件复杂地区的煤层开采,已构成了我国目前乃至未来相当长时间内煤矿企业的攻关课题。为了预测和防治矿井煤层底板突水,解放受太灰、奥灰水威胁的呆滞储量,底板注浆加固与含水层改造研究是解决问题的有效途径之一。因此,本书研究成果对高承压岩溶含水体上采煤底板突水评价具有重要的指导作用,对淮北矿区乃至整个华北条件类似的矿井水害治理具有重要的指导意义,其推广应用前景十分广阔。

第八节　本章小结

(1)通过对注浆前后底板岩层的岩块力学性质的测试研究与对比,得出注浆前后底板岩块的力学性质无明显变化,其数值变化范围基本一致,说明底板注浆加固改造对岩块的影响作用不大,注浆未能使底板岩块强度有明显的提高。

(2)注浆后底板砂岩段平均岩体波速明显增加,而海相泥岩段岩体波速增加不明显,注浆加固使底板岩体波速有明显的增加,而对岩块波速影响不大;注浆前后,砂岩及泥岩段岩块波速均大于各岩性段岩体波速,主要由于岩体中存在各种微裂隙,影响波速传播速度。因此,实验室所得岩块参数不能代表岩体参数;底板注浆加固改造后,底板岩体结构发生了明显改变,注浆后底板岩体强度增加,砂岩段约为注浆前的1.36倍,泥岩段增加不明显,约为1.01倍。

(3)通过对恒源煤矿一般地质模型及Ⅱ615工作面底板注浆前后底板采动效应的数值模拟研究得出,底板注浆加固与改造(含套管)后,工作面底板应力较未注浆加固底板明显增大,说明受采动影响小,底板整体性好,采动后底板卸压范围及应力松动范围小;底板位移有同样的规律,加固后底鼓量明显减小,说明底板注浆加固后由于底板岩体结构发生改变,造成底板采动效应也有了明显变化,揭示了底板岩体结构对底板采动效应的控制机理。

(4)通过底板钻孔间电阻率CT法对底板采动破坏监测结果的分析得出,Ⅱ615工作面底板注浆改造后,底板采动破坏深度在14m左右,该层段电阻率整体较高,为背景电阻率的1.5倍以上,其中8m深度为裂隙特别发育范围,底板破坏存在一定距离的超前影响,该范围一般为0～10m;Ⅱ614工作面采用疏水降压进行煤层开采,且该工作面与Ⅱ615工作面开采条件基本一致,利用震波CT技术对底板采动破坏深度进行了探测,得出底板破坏分带特征明显,呈"两带"分布,其中底板破坏带在0～9.8m范围内,而裂隙发育带在9.8～14.9m范围内,超前应力在10～16m范围内。

(5) 对两工作面底板监测结果表明,底板破坏均存在分带性,两工作面开采条件相似,但底板破坏深度存在明显差异,注浆改造后的Ⅱ615工作面底板破坏深度明显小于未采取注浆改造的Ⅱ614工作面,说明由于底板注浆改造后底板岩体结构发生变化,底板破坏深度也发生了变化,进一步揭示验证了底板岩体结构对煤层底板采动效应的控制机理。

第七章 结 论

本书在系统研究淮北矿区水文地质特征、构造特征、下组煤底板沉积特征及典型底板水害事故的基础上,建立了不同结构底板地质模型,采用数值模拟对矿井深部煤层开采,不同结构底板采动效应及突水机理进行了系统分析;采用相似材料模拟试验对含切割煤层断层底板岩体采动效应进行了分析,对采动影响下断层活化机理进行了研究;最后,结合工作面底板注浆加固改造工程,综合采用实验室试验、现场原位实测与数值模拟相结合的方法,对注浆前后底板采动效应进行了研究,并对注浆加固效果进行了评价,最终得出以下结论。

(1)淮北矿区太原组灰岩含水层富水性具有不均一性,富水等级为弱—强,当矿井进入深部−600m 开采水平后,其下组煤 6(10)煤开采过程中,底板突水系数均大于 1.0MPa/m,具有底板突水危险性,且随着深度增大,风险进一步增大。

(2)通过对淮北矿区下组煤底板岩体沉积特征分析,得出下组煤底板沉积组合可分为三大类:软-硬-软型、硬-软型及软硬相间型;通过对矿区下组煤底板岩体结构研究,经概化建立了 2 个大类,6 个亚类不同底板岩体结构地质模型。

(3)基于流固耦合原理,通过数值模拟对完整层状结构底板采动效应进行了分析,得出在深部开采条件下,工作面形成后,在含水层顶部会出现原位张裂带,原位张裂带与含水层导通后,会进一步形成向上的采动导升带,造成有效隔水层厚度减小;完整层状结构底板流采动突水机理可概括为原位张裂的萌生—与承压含水层沟通—原位采动导升带的发育—采动破坏带与导升带连通。

(4)基于 FISH 语言对 FLAC3D 软件进行二次开发,利用其内部额外变量函数对岩体渗透性及突水量进行了研究,得出煤层开采后,工作面采空区顶底板渗透性增强,而工作面两端煤壁处渗透性减小,且随着工作面推进,顶底板渗透系数不断增加,当底板隔水层厚度不变,含水层富水性较好时,承压水水压增大,渗透性也明显增大,底板发生突水后突水量也越大。

(5)通过对不同岩层组合特征底板采动效应研究得出:底板组合特征为硬-软型时,采后底板卸压程度最大,底鼓量从大到小依次为软硬相间型、软-硬-软型及硬-软型,且当采深增大后,底鼓量明显增加;当考虑底板流固耦合条件后,应力转换点深度的增加,说明采后底板卸荷范围增大,水压对底板采动效应有明显的控制作用,在 3 种底板岩层组合类型中,软硬相间型底板受水压影响程度最小,而硬-软型受影响最大,体现出岩层组合特征对底板采动效应的控制作用。

(6)通过对含断裂构造底板采动效应数值模拟研究得出,断层带对采动应力传递具有明显控制作用,断层阻隔了应力传递;底板中裂隙诱发工作面底板突水机理为受采动影响,裂隙上、下部分分别产生剪切破坏扩展带，随着工作面开采，上部剪切带与底板采动破坏带沟通，而下部剪切带与承压含水层连通，形成突水通道。切穿煤层断层诱发底板突水机理为底板采动裂隙带与断层带活化区或底板原位递进导升带相连通，深部地应力以构造应力为主时，受侧向挤压作用原位张裂范围及发育高度明显减小，且断层带整体受挤压作用，渗透性较差，不利于断层的活化。

(7)底板中存在陷落柱时，底板内采动应力、位移及渗流场分布具有不均一性，与完整层状底板结构明显不同，底板承压水水压越大，柱体损伤程度越大，诱发底板突水可能性越大，陷落柱诱发工作面底板突水机理为受采动与水压共同影响，在柱体顶部出现了塑性损伤且随工作面推进其高度不断升高，最终与底板采动破坏带连通。

(8)通过相似材料模拟试验，对含断裂构造底板采动效应的分析表明：软质泥岩对采动应力的传递有明显的阻隔作用，在泥岩中形成了应力集中现象，揭示了软岩对采动应力的控制作用。采动应力在上盘近断层带附近产生了明显的集中现象，断层带阻隔应力传递，造成下盘岩体中采动应力增幅不大，与数值模拟结果一致，断层活化机理为：由于采动应力在两盘岩体中分布不均，造成断层两盘岩体位移出现差异，上盘岩体沿断层面发生错动，导致断层活化。

(9)通过对恒源煤矿6煤Ⅱ615工作面底板注浆加固改造前后煤层采动效应研究得出：注浆后底板岩体结构发生明显改变，砂岩段强度提高1.36倍，注浆后底板破坏深度现场实测为14m，较未注浆工作面底板采动破坏深度16m要小，实测结果与数值模拟结果一致，说明注浆加固底板岩体结构的变化对煤层底板整体性的提升有很好的效果，验证了采动效应的岩体结构控制机理。

(10)综合数值模拟、相似材料模拟及现场地球物理探查结果得出，底板采动效应与底板岩体结构密切相关，底板岩体结构对采动效应具有明显的控制作用，揭示了底板采动效应的岩体结构控制机理。

主要参考文献

BEACHER G B,1983.Statistical analysis of rock mass fractures [J]. Mathematical Geology,5(3):523-526.

BRADY B H G,BROWN E T,1993.Rockmechanics for underground mining[M].2nd edition.London: Chapman & Hall.

CARVALHO F S, LABUZ J F, 1996. Experiments on effective elastic modulus of two-dimensional solids with cracks and holes [J]. International Journal of Solids Structure, 33(3):4119-4130.

CHARLEZ P A,1991.Rock mechanics: petroleum applications[M].Paris: Technical Publisher.

ELSWORTH D,BAI M,1992.Flow-deformation response of dual-porosity media[J].Journal of Geotechnical Engineering,118(1):107-124.

GOODMAN R E,SMITH H R,1980.RQD and fracturespacing[J].Journal of Geotechnical Division American Society of Civil Engineering,106:191-193.

HUANG S L, OELFKE S M, SPECK R C, 1992. Applicability of fractal characterization and modeling and modeling to rock joint profiles[J].International Journal of Rock Mechanics and Mining Science & Aeromechanics Abstracts,29(2):89-98.

JEAGER J C,1960.Shear failure of anisotropic rocks[J].Geology Magazine(97):65-67.

LEE Y H,CARR J R,BARS D J,et al,1990.The fractal dimension as a measure of the roughness of rock discontinuity profiles[J].International Journal of Rock Mechanics and Mining Science & Aeromechanics Abstracts,27(6):453-464.

LU Y L, WANG L G, 2015. Numerical simulation of mining-induced fracture evolution and water flow in coal seam floor above a confined aquifer[J].Computer & Geotechnics,67(15):157-171.

MA Y J,FENG Y,ZHANG Z Y,et al,2014. Analysis and application on the adcanced discharge of water-rich aquifer of coal floor[J].Journal of the China Society,39(4):731-735.

NOGHABAI K,1999. Discrete versus smeared versus element embedded crack models on ring problem[J].Journal of Engineering Mechanics,152(6):307-314.

ODLING N E,1994.Natural fracture profiles, fractal dimension and joint roughness coefficients[J].Rock Mechanics and Rock Engineering,27(3):135-153.

SHI L Q, HAN J, 2005. Theory and practice of dividing coal mining area floor into four-zone[J].Journal of China University of Mining and Technology,34(1):16-23.

STORMONT J C,DAEMEN J J K,1992.Laboratory study of gas permeability changes in rock salt during deformation[J].International Journal of Rock Mechanics and Mining Sciences and Geomechanics Abstracts,29(4):323-342.

WANG J A,PARK H D,2002.Fluid permeability of sedimentary rocks in a complete stress strain process[J].Engineering Geology,63(3):291-300.

WANG J A,PARK H D,2003.Coal mining above a confined aquifer[J].International Journal of Rock Mechanics and Mining Sciences,40(4):537-551.

XU J L,QIAN M G,2004.Study and application of mining-induced fracture distribution in green mining[J].Journal of China University of Mining and Technology,33(2):141-144.

ZHANG W Q,ZHANG G P,LI W,et al,2013. A model of Fisher's discriminant analysis for evaluating water inrush risk from coal seam floor[J].Journal of the China Society,38(10):1832-1836.

ZHAO Y X,JIANG Y D,LU Y K,et al,2013.Similar simulation experiment of bi-direction loading for floor destruction rules in coal mining above aquifer[J].Journal of the China Society,38(3):384-390.

ZHE J P,GREENHALGH S A,MARESCOT L,2007.Multi-channel,full waveform and flexible electrode combination resistivity imaging system[J].Geophysics,72(2):57-64.

ZHOU B,GREENHALGH S A,2000.Cross-hole resistivity tomography using different electrode configurations[J].Geophysical Prospecting,48(2):887-912.

ZHU S Y,JIANG Z Q,ZHOU K J,et al,2014.The characteristics of deformation and failure of coal seam floor due to mining in Xinmi coal field in China[J].Bullentin of Engineering Geology & the Enviroment,73(4):1151-1163.

卜万奎,2009.采场底板断层活化及突水力学机理研究[D].徐州:中国矿业大学.

陈昌彦,1997.工程岩体断裂结构系统复杂性研究及在边坡工程中的应用:以三峡工程永久船闸边坡为例[D].北京:中国科学院地质研究所.

陈成宗,1990.工程岩体声波探测技术[M].北京:中国铁道出版社.

陈从磊,2013.岱河矿6煤层底板灰岩富水性评价及防治对策研究[D].淮南:安徽理工大学.

陈陆望,2007.物理模型试验技术研究及其在岩土工程中的应用[D].武汉:中国科学院研究生院武汉岩土力学研究所.

陈育民,徐鼎平,2008.FLAC/FLAC3D基础与工程实例[M].北京:中国水利出版社.

代长青,2005.承压水体上开采底板突水规律的研究[D].淮南:安徽理工大学.

范书凯,2012.华北型煤田南部底板突水评价与对策:以新集二矿为例[D].北京:中国矿业大学(北京).

冯锐,李智明,李志武,等,2004.电阻率层析成像技术[J].中国地震,20(1):13-30.

甘圣丰,2005.浅析刘桥一矿Ⅱ62采区突水原因[J].北京工业职业技术学院学报,4(1):86-87.

葛亮涛,1986.关于煤矿底鼓水力学机制的探讨[J].煤田地质与勘探,1(1):33-38.

弓培林,胡耀青,赵阳升,等,2005.带压开采底板变形破坏规律的三维相似模拟研究[J].岩石力学与工程学报,24(23):4396-4402.

龚纪文,席先武,王岳军,等,2002.应力与变形的数值模型方法:数值模拟软件 FLAC 介绍[J].华东地质学院学报,25(3):220-227.

勾攀峰,汪成兵,韦四江,2004.基于突变理论的深井巷道临界深部[J].岩石力学与工程学报,23(24):4137-4144.

谷德振,1979.岩体工程地质力学基础[M].北京:科学出版社.

郭国强,2013.矿井带压开采疏水降压可行性模拟分析[J].煤炭科学技术,41(5):125-128.

国家煤炭工业局,2008.建筑物、水体、铁路及主要井巷煤柱留设与压煤开采规程[M].北京:煤炭工业出版社.

韩云春,2011.基于采动效应研究的注浆工作面底板突水危险性评价[D].淮南:安徽理工大学.

何满潮,2007.深部的概念体系及工程评价指标[J].岩石力学与工程学报,24(16):2854-2858.

何满潮,谢和平,彭苏萍,等,2005.深部开采岩体力学研究[J].岩石力学与工程学报,24(16):2804-2812.

胡戈,2008.综放开采断层活化导水机理研究[D].徐州:中国矿业大学.

胡社荣,戚春前,赵胜利,等,2010.我国深部矿井分类及其临界深度探讨[J].煤炭科学技术,38(7):10-13.

胡树林,陈烜,帅恩华,2011.超高密度电阻率法在岩溶及破碎带探测中的应用[J].物探与化探,35(6):821-824.

胡巍,徐德金,2013.有限元强度这剑法在底板突水风险评价中的应用[J].煤炭学报,38(1):28-32.

胡耀青,2003.带压开采岩体水力学理论与应用[D].太原:太原理工大学.

胡耀青,严国超,2008.承压水上采煤突水监测预报理论的物理与数值模拟研究[J].岩石力学与工程学报,27(1):56-60.

虎维岳,2005.矿山水害防治理论与方法[M].北京:煤炭工业出版社.

黄存捍,2010.采动断层突水机理研究[D].长沙:中南大学.

贾贵廷,胡宽容,1989.华北型煤田陷落柱的形成及分布规律[J].中国岩溶,8(4):261-267.

姜波,王桂梁,高元,等,1992.安徽省淮南煤田颖凤区推覆构造微观变形特征及其成因机制[J].中国区域地质,1:60-67.

姜福兴,宋振琪,宋杨,1993.老顶的基本结构形式[J].岩石力学工程学报,12(4):366-379.

姜耀东,吕玉凯,赵毅鑫,等,2011.承压水上开采工作面底板破坏规律相似模拟试验[J].

岩石力学与工程学报,30(8):1571-1578.

琚宜文,王桂梁,2002.淮北宿临矿区构造特征及演化[J].辽宁工程技术大学学报(自然科学版),21(3):286-289.

黎良杰,1995.采场底板突水机理的研究[D].徐州:中国矿业大学.

黎良杰,钱鸣高,殷有泉,1996.采场底板突水相似材料模拟研究[J].煤田地质与勘探,25(1):33-36.

李白英,1991.预防采掘工作面突水的理论与实践[J].矿井地质,92(2):18-38.

李白英,沈光寒,荆自刚,等,1986.预防采掘工作面底板突水的理论与实践[J].山东矿业学院学报,10(3):47-48.

李成成,2011.综放开采断层应力分布特征与冲击危险评价研究[D].青岛:山东科技大学.

李东平,1993.徐淮地区控煤构造的三种表现形式及演化特征[J].中国煤田地质,5(4):1-7.

李恒乐,张玉贵,侯海海,等,2013.淮北矿区构造演化对瓦斯赋存的影响[J].煤矿安全,44(1):164-166.

李鸿昌,1988.矿山压力的相似模拟试验[M].徐州:中国矿业大学出版社.

李家祥,1995.厚煤层重复开采时底板岩体的破坏深度[J].煤田地质与勘探,23(4):44-49.

李金凯,1990.矿井岩溶水防治[M].北京:煤炭工业出版社.

李俊贤,2013.基于MapObjects与ANN耦合技术的底板突水危险性评价[D].太原:太原理工大学.

李利平,李术才,石少帅,等,2011.基于应力-渗流-损伤耦合效应的断层活化突水机制研究[J].岩石力学与工程学报,30(1):3297-3303.

李利平,李术才,石少帅,等,2012.岩体突水通道形成过程中应力-渗流-损伤多场耦合机制[J].采矿与安全工程学报,29(2):233-237.

李晓昭,罗国煜,2003.地下工程突水的富水优势断裂[J].中国地质灾害与防治学报,14(1):36-41.

李晓昭,张国永,罗国煜,2003.地下工程中由控稳到控水的断裂屏障机制[J].岩土力学,24(2):220-224.

李耀伟,2014.带压开采技术在采面回采中的运用实践[J].中国煤炭地质,26(2):34-37.

李振华,徐高明,李见波,2009.我国陷落柱突水问题的研究与展望[J].中国矿业,18(4):107-109.

李忠建,魏久传,李娜娜,等,2013.应用多源信息复合法评价突水影响因素[J].矿业安全与环保,40(6):9-11.

梁政国,2001.煤矿山深浅部开采界线划分问题[J].辽宁工程技术大学学报(自然科学版),20(4):554-556.

刘爱华,彭述权,李夕兵,等,2009.深部开采承压水机制相似物理模型试验系统研制及应用[J].岩石力学与工程学报,28(7):1336-1341.

刘波,韩彦辉,2005.FLAC 原理、实例与应用指南[M].北京:人民交通出版社.

刘长武,陆士良,1999.锚注加固对岩体完整性与准岩体强度的影响[J].中国矿业大学学报,28(3):221-224.

刘其声,蔡东红,彭龙超,2002.刘桥一矿Ⅱ622工作面充水条件与防治水技术探讨[J].煤炭地质与勘探,30(6):44-46.

刘钦,孙亚军,徐智敏,2011.改进型突水系数法在矿井底板突水评价中的应用[J].煤炭科学技术,39(8):107-109.

刘洋,伍永平,王永胜,2010.断层上盘放水煤柱合理宽度研究[J].西安科技大学学报,30(5):523-526.

刘志军,熊崇山,2007.陷落柱突水机制的数值模拟研究[J].岩石力学与工程学报,26(增2):4014-4018.

路银龙,2013.渗流-应力耦合作用下岩石损伤破裂演化模型与煤层底板突水机理研究[D].徐州:中国矿业大学.

孟祥瑞,王军号,高召宁,2013.基于 IOT-GIS 耦合感知的煤层底板突水预测研究[J].中国安全科学学报,23(2):85-90.

孟召平,张贝贝,谢晓彤,等,2011.基于岩性-结构的煤层底板突水危险性评价[J].煤田地质与勘探,39(5):35-40.

倪宏革,罗国煜,2000.煤矿水害的优势面机理研究[J].煤炭学报,25(5):518-521.

彭苏萍,王金安,2001.承压水体上安全采煤:对拉工作面开采底板破坏机理与突水预测防治方法[M].北京:煤炭工业出版社.

祁春燕,邱国庆,张海荣,2013.底板突水预测模型的影响因素分析[J].武汉大学学报(信息科学版),38(2):153-156.

乔伟,2011.矿井深部裂隙岩溶富水规律及底板突水危险性评价研究[D].徐州:中国矿业大学.

乔伟,胡戈,李文平,2013.综放开采断层活化突水渗-流转换试验研究[J].采矿与安全工程学报,30(1):30-36.

乔伟,李文平,赵成喜,2009.煤矿底板突水评价突水系数-单位涌水量法[J].岩石力学与工程学报,28(12):2467-2474.

屈平,2013.中小正断层影响采动应力沿底板传递的数值分析[J].中州煤炭(7):8-11.

屈争辉,姜波,汪吉林,等,2008.淮北矿区构造演化及其对煤与瓦斯的控制作用[J].中国煤炭地质,20(10):34-37.

施龙青,2000.薄隔水层底板突水机理及预测预报研究[D].青岛:山东科技大学.

施龙青,韩进,2004.底板突水机理及预测预报[M].徐州:中国矿业大学出版社.

施龙青,韩进,2005.开采煤层底板"四带"划分理论与实践[J].中国矿业大学学报,34(1):16-23.

施龙青,宋振骐,2000.采场底板"四带"划分理论研究[J].焦作工学院学报(自然科学版),19(4):241-245.

施龙青,尹曾德,刘永法,1998.煤矿底板损伤突水模型[J].焦作工学院学报,17(6):403-405.

宋晓梅,1997.淮北煤田奥陶系灰岩岩溶类型及陷落柱的成因分析[J].淮南矿业学院学报,17(3):6-10.

苏承东,勾攀峰,邓广涛,2007.采矿平面应力相似模拟试验装置的研制[J].河南理工大学学报(自然科学版),26(2):141-144.

孙广忠,1985.论岩体结构力学原理[M].北京:地质出版社.

孙广忠,1988.岩体结构力学[M].北京:科学出版社.

孙广忠,1993.工程地质与地质工程[M].北京:地震出版社.

孙广忠,1993.论"岩体结构控制论"[J].工程地质学报,1(1):15-18.

孙尚云,2013.淮北矿区灰岩水害治理技术研究与应用[J].皖西学院学报,29(5):100-104.

唐东旗,吴基文,李运成,等,2006.断裂带岩体工程地质力学特征及其对断层防水煤柱留设的影响[J].煤炭学报,3(4):455-460.

唐英杰,葛为中,2013.井间电阻率CT在工程检测中的应用[J].CT理论与应用研究,22(2):275-282.

陶振宇,潘别桐,1991.岩石力学原理与方法[M].武汉:中国地质大学出版社.

王恩营,2005.煤层断层形成的岩性结构分析[J].煤炭学报,30(3):319-321.

王芳,徐良骥,2006.电子经纬仪在煤层相似材料模拟试验中的应用[J].露天采矿技术(1):18-19.

王桂梁,曹代勇,姜波,等,1992.华北南部的逆冲推覆、伸展滑覆与重力滑动构造[M].徐州:中国矿业大学出版社.

王桂梁,1993.矿井构造预测[M].北京:煤炭工业出版社.

王吉松,关英斌,鲍尚信,等,2006.相似材料模拟在研究煤层底板采动破坏规律中的应用[J].世界地质,25(1):86-90.

王家臣,杨胜利,2009.采动影响对陷落柱活化导水机理数值模拟研究[J].采矿与安全工程学报,26(2):140-144.

王金安,1990.承压水体上采煤相似模拟实验[J].矿山压力与顶板管理(3):56-58.

王经明,1999.承压水沿煤层底板递进导升突水机理的模拟与观测[J].岩土工程学报,21(5):546-549.

王凯,位爱竹,陈彦飞,等,2004.煤层底板突水的灾变理论预测方法及其应用[J].中国安全科学学报,14(1):11-14.

王茹,唐春安,王述红,2008.岩石点荷载试验若干问题的研究[J].东北大学学报(自然科学版),29(1):130-133.

王思敬,1984.地下工程岩体稳定分析[M].北京:科学出版社.

王思敬,1992.工程地质学的前沿及其拓展[M].北京:海洋出版社.

王延福,靳德武,曾艳京,1994.矿井煤层底板突水预测新方法[J].水文地质工程地质(4):33-37.

王永龙,2006.朱庄矿3622综采面突水灾害分析及综合防治[J].煤矿开采,11(1):66-67.

王育平,王永红,赵增辉,等,2007.矿山岩体分级中点载荷试验的力学分析[J].合肥工业大学学报(自然科学版),30(10):1353-1356.

王作宇,刘鸿泉,1993.承压水上采煤[M].北京:煤炭工业出版社.

吴基文,2007.煤层底板采动效应与阻水性能的岩体结构控制作用研究[D].徐州:中国矿业大学.

吴基文,蔡东红,张文永,等,2009.断层带岩体工程地质力学特征与断层防水煤(岩)柱留设[M].北京:中国科学出版社.

吴基文,童宏树,童世杰,等,2007.断层带岩体采动效应的相似材料模拟研究[J].岩石力学与工程学报,26(增2):4171-4175.

吴家龙,2001.弹性力学[M].北京:高等教育出版社.

伍法权,1997.岩体工程性质的统计岩体力学研究[J].水文地质工程地质(2):17-19.

武强,解淑寒,裴振江,等,2007.煤层底板突水评价的新型实用方法Ⅲ:基于GIS的ANN型脆弱性指数法应用[J].煤炭学报,32(12):1301-1306.

武强,李博,刘守强,等,2013.基于分区变权模型的煤层底板突水脆弱性评价:以开滦蔚州典型矿区为例[J].煤炭学报,38(9):1517-1521.

武强,王金华,刘海东,等,2009.煤层底板突水评价的新型实用方法Ⅳ:基于GIS的AHP型脆弱性指数法应用[J].煤炭学报,34(2):233-238.

武强,张波,赵文德,等,2013.煤层底板突水评价的新型实用方法Ⅴ:基于GIS的ANN型、证据权型、Logistic回归型脆弱性指数法的比较[J].煤炭学报,38(1):21-26.

武强,张志龙,马积福,2007.煤层底板突水评价的新型实用方法Ⅰ:主控指标体系的建设[J].煤炭学报,32(1):42-47.

武强,张志龙,张生元,等,2007.煤层底板突水评价的新型实用方法Ⅱ:脆弱性指数法[J].煤炭学报,32(11):1121-1126.

夏才初,2002.工程岩体节理力学[M].上海:同济大学出版社.

谢和平,1996.分形-岩石力学与分形节理力学行为研究[M].北京:清华大学出版社.

谢和平,2012.我国煤炭安全、高效、绿色开采技术与战略[R].北京:中国工程院.

谢和平,陈至达,1989.岩石连续损伤力学模型[J].煤炭学报(1):56-60.

谢和平,周宏伟,1999.FLAC在煤矿开采沉陷预测中的应用及对比分析[J].岩石力学与工程学报,18(8):397-401.

谢和平,周宏伟,薛东杰,等,2012.煤炭深部开采与极限开采深度的研究与思考[J].煤炭学报,37(4):536-542.

徐德金,2012.高承压含水层上煤层开采底板断裂活化致灾机制[D].徐州:中国矿业大学.

徐光黎,潘别桐,唐辉明,等,1991.岩体结构模型与应用[M].武汉:中国地质大学出版社.

徐良骥,2004.全站仪在相似模拟材料中的应用[J].现代情报(4):189-190.

许进鹏,梁开武,徐新启,2008.陷落柱形成的力学机理及数值模拟研究[J].采矿与安全工程学报,25(1):82-85.

许进鹏,张福成,桂辉,等,2012.采动断层活化导水特征分析与实验研究[J].中国矿业大学学报,41(3):415-419.

许学汉,王杰,1992.煤矿突水预测预报研究[M].北京:地质出版社.

薛禹群,1997.地下水动力学[M].北京:地质出版社.

杨天鸿,陈仕阔,朱万成,等,2008.矿井岩体破坏突水机制及非线性渗流模型初探[J].岩石力学与工程学报,27(7):1412-1415.

杨天鸿,唐春安,谭志宏,等,2007.岩体破坏突水模型研究现状及突水预测预报研究发展趋势[J].岩石力学与工程学报,26(2):269-274.

杨为民,周治安,1997.岩溶陷落柱形成的岩体力学条件[J].煤田地质与勘探,25(6):31-34.

杨延毅,1994.层状裂隙岩体塑性—脆性损伤耦合模型与高质边坡稳定性分析[C]//计算机方法在岩石力学及工程中应用国际学术讨论会论文集.武汉:武汉测绘科技大学出版社.

杨映涛,李抗抗,1997.用物理相似模拟技术研究煤层底板突水机理[J].煤田地质与勘探,25(增):33-36.

杨志磊,孟祥瑞,王向前,等,2013.基于GA-BP网络模型的煤矿底板突水非线性预测评价[J].煤矿安全,44(2):36-39.

姚邦华,茅鲜彪,魏建平,等,2014.考虑颗粒迁移的陷落柱流固耦合动力学模型研究[J].中国矿业大学学报,43(1):30-35.

尹立明,2011.深部开采底板突水机理基础实验研究[D].青岛:山东科技大学.

尹尚先,王尚旭,2003.陷落柱影响采场围岩破坏和底板突水的数值模拟分析[J].煤炭学报,28(3):264-268.

尹尚先,武强,2004.煤层底板陷落柱突水模拟及机制分析[J].岩石力学与工程学报,23(15):2551-2556.

于小鸽,2011.采场损伤底板破坏深度研究[D].青岛:山东科技大学.

于小鸽,施龙青,魏久传,等,2006.采场底板"四带"划分理论在底板突水评价中的应用[J].山东科技大学学报(自然科学版),25(4):14-17.

袁亮,2017.开展基于人工智能的煤炭精准开采研究,为深地开发提供科技支撑[J].科技导报,35(14):1.

袁亮,秦勇,程远平,等,2013.我国煤层气矿井中—长期抽采规模情景预测[J].煤炭学报,38(4):530-534.

袁亮,张平松,2019.煤炭精准开采地质保障技术的发展现状及展望[J].煤炭学报,44

(8):2277-2284.

翟晓荣,吴基文,韩东亚,2014.补给边界群孔放水试验的含水层参数计算[J].中国矿业大学学报,43(5):837-840.

翟晓荣,吴基文,彭涛,等,2013.断层对煤层开采应力分布影响的数值模拟分析[J].煤矿开采,18(5):14-16.

翟晓荣,吴基文,沈书豪,等,2014.断层带边界岩体采动应力特征相似材料模拟研究[J].中国安全生产科学技术,10(5):56-61.

张爱敏,1996.采区高分辨率三维地震勘探研究与应用[J].煤炭学报,21(4):348-352.

张杰,林海飞,吴建斌,2011.流固耦合相似材料模拟实验及技术[J].辽宁工程技术大学学报(自然科学版),30(3):329-332.

张金才,肖奎仁,1993.煤层底板采动破坏特征研究[J].煤矿开采,3(1):44-49.

张金才,刘天泉,1990.论煤层底板采动裂隙带的深度及分布特征[J].煤炭学报(6):46-55.

张金才,张玉卓,刘天泉,1997.岩体渗流与煤层底板突水[M].北京:地质出版社.

张平松,吴基文,刘盛东,2006.煤层采动底板破坏规律动态观测研究[J].岩石力学与工程学报,25(1):3009-3013.

张伟杰,李术才,魏久传,等,2013.基于岩体极限平衡理论的煤层底板突水危险性预测[J].山东大学学报(工学版),43(1):86-91.

张文泉,2004.矿井底板突水灾害的动态机理及综合判测和预报软件开发研究[D].泰安:山东科技大学.

张文泉,张广鹏,李伟,等,2013.煤层底板突水危险性的Fisher判别分析模型[J].煤炭学报,38(10):1832-1836.

张永双,曲永新,刘国林,等,2000.华北型煤田岩溶陷落柱某些问题研究[J].工程地质学报,8(1):35-39.

张朱亚,2009.淮北矿区煤层底板突水的岩体结构控制研究[J].安徽建筑工业学院学报(自然科学版),17(2):5-8.

赵德安,陈志敏,蔡小林,等,2007.中国地应力场分布规律统计分析[J].岩石力学与工程学报,26(6):1265-1271.

赵阳升,胡耀青,2004.承压水上采煤理论与技术[M].北京:煤炭工业出版社.

周兵,曹俊兴,1995.井间电阻率成像数值模拟[J].物探化探计算计算,17(4):9-17.

周志芳,2004.裂隙介质水动力学[M].北京:中国水利水电出版社.

朱第植,王成绪,1998.原岩应力测试在底板突水预测中的应用[J].煤炭学报(3):295-299.

朱第植,王成绪,许庭教,等,1999.突水预测的采动煤层底板相似模拟方法研究[J].煤田地质与勘探,27(5):37-42.

朱刘娟,粟红喜,陈俊杰,2007.煤矿深部开采存在的问题及对策探讨[J].煤炭技术,

26(6):146-147.

邹喜正,1993.关于煤矿巷道矿压显现的极限深度[J].矿山压力与顶板管理(2):9-14.